新世纪普通高等教育信息管理类课程规划教材

U0245128

信息技术与数据挖掘

Information Technology and Data Mining

主　编　林　原
副主编　许　侃　杨　亮
　　　　刘盛博　徐　博
　　　　刘文飞

大连理工大学出版社

图书在版编目(CIP)数据

信息技术与数据挖掘 / 林原主编. -- 大连：大连
理工大学出版社，2022.4
新世纪普通高等教育信息管理类课程规划教材
ISBN 978-7-5685-3574-8

Ⅰ.①信… Ⅱ.①林… Ⅲ.①信息技术－高等学校－
教材②数据采集－高等学校－教材 Ⅳ.①TP274

中国版本图书馆 CIP 数据核字(2022)第 014932 号

XINXI JISHU YU SHUJU WAJUE

大连理工大学出版社出版
地址:大连市软件园路 80 号　邮政编码:116023
发行:0411-84708842　邮购:0411-84708943　传真:0411-84701466
E-mail:dutp@dutp.cn　URL:http://dutp.dlut.edu.cn
大连图腾彩色印刷有限公司印刷　　　　大连理工大学出版社发行

幅面尺寸:170mm×240mm　　　印张:9.75　　　字数:160 千字
2022 年 4 月第 1 版　　　　　　　2022 年 4 月第 1 次印刷

责任编辑:孙兴乐　　　　　　　　　　　责任校对:齐　欣
　　　　　　封面设计:张　莹

ISBN 978-7-5685-3574-8　　　　　　　　定　价:35.00 元

本书如有印装质量问题,请与我社发行部联系更换。

前言 ▶ Preface

信息技术是技术科学的主要研究内容之一，也是现代自然科学和社会科学创新发展的核心动力。随着大数据和人工智能技术的快速发展，作为技术基石的数据挖掘方法越来越重要。本书以信息资源的利用为目的，既包含信息系统的相关组成原理和实例，又包含信息技术相关的理论和数据挖掘方法。依靠信息技术和信息系统的学习及研究方法已经成为当今大数据时代的主要工作方式，本书有助于提高学生的信息化素养及应用信息技术解决实际问题的能力。本书亦可拓宽学生的学术视野，为开展创新研究奠定坚实的基础。

本书编写以教育部和高校的相关要求为指导，根据信息技术的发展趋势，立足于理论教学与实践应用相互促进的教学理念，采用"信息技术—应用实例—理论概念—功能解析—信息系统—科研运用"的教学主线，将信息技术及数据挖掘的重要知识点和难点通过启发式教学方式，分层次由浅入深加以阐述，正确地指导学生学习和掌握信息技术与数据挖掘方法，使学生在学习中真正做到学以致用。同时，注重与日常学习和科研需求相结合，使学生了解当今信息科学的主流技术，培养和提高学生信息技术的实践能力和创新能力。

本书具有以下三方面特点：

第一，构建信息技术理论与应用一体化介绍体系。课程内容当中的信息技术均由日常应用软件或系统引出，让学生能对抽象的信息技术"看得见，摸得着"；引发学生兴趣之后再进一步

新世纪

对信息技术的理论和方法进行介绍,以相关理论知识的讲解加深学生对技术的理解,再由实践教学将技术应用于学习和科研任务,进而使学生真正体会信息技术从生活中来、到应用中去的过程。

第二,深入分析信息技术和数据挖掘方法的原理。信息技术及数据挖掘方法学习的难点在于理论知识较为抽象、难以理解,本书结合编者在信息学科领域的科研经验,将相关理论和方法知识具象化,深入剖析技术流程,对相关方法过程进行可视化,便于学生理解。

第三,辐射前沿技术和科研应用。为建设前沿的信息技术课程,本书以经典的数据挖掘模型为基础,辐射信息学科的前沿技术。编者基于多年的教学经验,逐渐了解教授学生学习信息技术的教学范式,循序渐进地引入新的数据挖掘方法,如信息检索技术的相关方法,从布尔模型到向量空间模型再到概率模型及排序学习模型等,使学生了解信息技术发展脉络,并逐步接触新的信息技术,使本书内容与科研前沿接轨,并以信息技术在科研中的具体应用为案例,引导学生在实践学习和科研中应用信息技术和数据挖掘方法。

信息技术发展极其迅速,并与各个领域研究广泛融合,已经成为一个应用前景十分广泛的学科。信息技术的研究分支众多,编者自认涉猎有限,本书旨在启发、引导如何于科研中应用信息技术和数据挖掘方法,案例应用仅供读者参考,意在抛砖引玉,供读者启发思考。

在编写本书的过程中,编者参考、引用和改编了国内外出版物中的相关资料以及网络资源,在此表示深深的谢意!相关著作权人看到本教材后,请与出版社联系,出版社将按照相关法律的规定支付稿酬。

鉴于我们的经验和水平,书中难免有不足之处,恳请读者批评指正,以便我们进一步修改完善。

编 者

2022 年 4 月

所有意见和建议请发往:dutpbk@163.com

欢迎访问高教数字化服务平台:http://hep.dutpbook.com

联系电话:0411-84708445　84708462

第1章

绪 论

教学目标

通过本章的学习，掌握课程的信息技术和数据挖掘的基础知识和概念，信息技术发展现状及应用。教学结合当前信息技术领域发展情况，以我国电商行业的蓬勃发展为案例，引发学生对未来职业的愿景，激发学生对我国经济发展和科技进步的认同感，了解我国信息技术发展状况、世界地位，增强民族自豪感。同时引出信息技术运用的"是与非"，引导学生正确认识和运用信息技术，培养正确的科技是非观。

第1节 数据与信息

1 数 据

定义：数据是关于组织机构及其业务活动的原始事实，是信息系统中最活跃的元素。

分类：模拟数据，即某个区间内连续变化的值，如声音和视频，温度和压力等。数字数据，即离散的值，如文本信息和整数等。

数据是计算机处理的对象。从外部形式来看，计算机可以处理数值、文字、图像、声音、视频等。而在计算机内部，计算机中的数据都是以二进制形式出现的。

② 信　息

信息是数据的有组织、有意义和有用的解释。使用信息，可以判断条件、估计某个问题是否已经发生、评估其他解决方案，以及选择行动等。

信息的主要特征：社会性、时效性、传递性、能动性、共享性、客观性、不灭性。

①社会性：信息一开始就直接联系于社会应用，只有经过人类的加工、取舍、组合，并通过一定的形式表现出来，才真正具有使用价值。

②时效性：时效性是指信息应能反映事物最新的变化状态。

③传递性：信息的传递性是指任何信息只有从信息源出发，经过信道载体的传递，才能被信宿接收并进行处理和运用。信息在空间中的传递称为通信，信息在时间上的传递称为存储。

④能动性：信息的产生、存在和流通依赖于物质和能量的流动，并对改变其价值产生影响。

⑤共享性：信息的共享性主要是指信息作为一种资源，不同个体或群体在同一时间或不同时间均可使用这种资源。

⑥客观性：信息的客观性是指信息是客观存在的。信息的产生源于物质，信息产生后又必须依附于物质，因此信息存在于任何物质中。

⑦不灭性：信息从信源发出后，其自身的信息量并没有减少，

即信息并不因为被使用而消失，它可以被大量复制、长期保存、重复使用。

信息的作用：消除不确定性；对接收者的行为和决策产生影响；可开发和利用的资源；具有应用价值，信息支持决策。

3 数据与信息的关系

数据与信息是密不可分的，数据是信息的载体，信息蕴含在数据之中。

信息通过对数据的加工而得到，是数据处理的产物。

信息中含有人们的主观意识，它仅为信息接收者而存在。

数据本身是客观存在的，无实际价值，加工成信息后才有意义。

数据与信息都是记录客观事物的存在状态与特征的。

数据是信息的表达形式，信息是数据表达的内容，数据是记录客观事物状态和运动方式的符号。

情报是信息的特殊子集，是具有机密性质的特殊信息。

知识是具有抽象和普遍性质的特殊信息，信息是知识的原材料，知识是信息加工的产物。

各行各业都有自己的分类信息，这些信息不仅可以帮助企业进行决策，也能指导个人投资。因此，善于收集整理信息也能创造财富。

第 2 节 初识信息技术与数据挖掘

1 信息技术

广义的信息技术：指有关信息的收集、识别、提取、变换、存储、传递、处理、检索、检测、分析和利用等技术。

狭义的信息技术：主要包括计算机技术、微电子技术、通信技术和传感技术等。

本门课程主要关注基于计算机技术信息的收集、处理、检索、分析等方面。我们日常生活中所使用的搜索引擎，科研学习中所使用的期刊数据库以及网上采购所使用的电商平台都是信息技术的产物。

② 信息系统

系统的定义：由相互依赖的若干个要素为了实现一个共同的目标而组织在一起的一个有机整体。要素之间的相互依赖称为关系，那些与系统密切相关的外部事物的总体叫作环境。

系统的一般模型包括 6 个部分：输入、处理、输出、控制、反馈、边界。

信息系统的定义：由一个或多个人使用的人造系统，用于帮助人们完成特定的任务。信息系统的形状和规模是任意的。

信息系统是以加工处理信息为主的系统，它由人、硬件、软件和数据资源组成，目的是及时、准确地收集、处理、存储、传输和提供信息。

本门课程所关注的信息系统实例有：信息检索系统、信息处理系统以及信息分析系统。

③ 数据挖掘

数据挖掘是通过人工、自动或者半自动的信息技术从大量的数据中通过算法获取其中信息的过程。数据挖掘通过统计分析、人工智能、信息检索、机器学习等方法来实现上述目标。其技术方法基础是信息技术；其载体和可视化存在依赖于信息系统。

4 信息技术应用

信息技术的应用领域：企业计算、医疗卫生、制造业、电子商务、公共管理等。应用于社会经济的实际需求是信息技术的价值体现，应用前景决定着每一项信息技术的生命力。

（1）企业计算是企业通过应用计算机技术改进管理，有效地降低了成本，提高了生产效率，增强了市场竞争力，通过信息技术应用实现工业生产过程的精确控制和管理，有力地推动了传统高耗能行业的节能减排。企业计算包括 ERP 系统、供应链管理、客户关系管理、企业应用集成等。

①ERP 系统：企业资源计划（Enterprise Resource Planning，ERP）综合了很多事务处理和信息系统的应用特征的、大规模的统一应用程序。企业可以使用 ERP 系统来集成其内部不同职能部门所执行的过程和活动，如会计、销售、制造和库存管理等。ERP 系统通过使用一个供所有的应用程序共享的数据库，把这些分离的应用程序集成起来。

②供应链管理：互联网和 B2B 电子商务永久地改变了制造商、供应商和客户间的相互关系。一个企业的供应链，指企业与其供应商之间以及与其客户之间的元件、配件、材料、资金和信息的流动。供应链管理指对互联网供应商和购买者的活动的监督。供应链管理包括元件、配件、材料和服务的来源，货物的生产，成品的分销，在销售时与消费者的交互。供应链中的任何一个环节都会影响成本、交易时间和质量。

③客户关系管理（Custom Relation Management，CRM）：管理企业与客户之间的关系的系统，用以实现客户价值的最大化。CRM 源于"以客户为中心"的新型商业模式。CRM 向企业的销售、市场

和服务等部门提供全面、个性化的客户资料，强化跟踪服务和信息分析能力，使这些部门的工作人员能够协同建立和维护一系列与客户以及合作伙伴之间卓有成效的一对一关系，从而使企业得以提供更快捷和周到的优质服务，提高客户的满意度，保持并吸引更多的客户。

④企业应用集成（Enterprise Application Integration，EAI）：把企业信息系统的过程、软件、硬件和标准组合在一起，使联网的应用能够有效地共享资源和数据，达到整体的互操作性。EAI把资源或应用连接起来，使业务活动能够共享资源和过程，这种连接可以分为四种类型：

数据库连接：通过数据库共享信息和复制信息。

应用连接：企业的多个应用系统共享业务过程和数据。

数据仓库连接：从不同的数据源提取数据，集中进行分析。

公用的虚拟系统连接：将企业计算的所有方面组合在一起，形成一个统一的应用系统。

（2）医疗卫生：对医学和社会医疗保障体系来说，信息技术正在发挥着重要的作用。一方面，信息技术在当代医疗器械中所占的比重越来越大；另一方面，各类医疗信息产品已经成为继传统的医用电子仪器、医用材料之后医疗器械大家庭中新的重要成员。医疗信息技术（Health Information Technology，HIT）逐渐成为现代医疗卫生服务体系的主要支撑技术，也是医疗装备向着数字化、网络化、智能化、综合化方向发展的关键技术。

医疗卫生包括生物医学信息处理、分析和计算机辅助诊疗，医疗健康信息融合、管理和自动化，医疗健康知识库和临床决策支持，医学信息系统，远程医学等。

①生物医学信息处理、分析和计算机辅助诊疗：利用信息处理、分析和计算机辅助诊疗类的信息技术，可以面向各医疗信息输出设

备（如 X 光、CT、超声、内镜、生物芯片、监护等）进行特异性的信息处理和分析，使得信息能够更为清晰、直接、高效地服务于诊疗过程。典型的产品形式包括各类医学影像工作站、生理信号分析与诊断、治疗/手术计划与导航系统、医学虚拟现实环境等。

②医疗健康信息融合、管理和自动化：该项技术实现了对各类分散、异源信息的融合和利用，提供一体化协作医疗卫生健康体系所需的长期、完整的健康档案，以及社会医疗卫生资源的协同能力。例如，电子病历：通过计算机技术将病人的病历汇集到计算机中，通过计算机获得病历的有关资料，并对其进行归纳、分析、整理，形成规范化的信息，从而提高医疗质量和业务水平，为临床教学、科研和信息管理提供帮助。电子健康档案：是以个人健康、保健和治疗为中心的数字记录。其中个人健康信息包括：基本信息、主要疾病、以人为本的数字化健康问题摘要、主要卫生服务记录等内容。这些信息主要源于医疗卫生服务记录、健康体检记录和疾病调查记录，并对其进行数字化存储和管理。

③医疗健康知识库和临床决策支持：医疗健康知识库包括了药品知识库、各类疾病的临床诊疗指南、循证医学库等。各类临床决策支持系统是信息工程、知识工程和人工智能研究中非常活跃的一个分支，可以帮助医务工作者更好地对大量的医疗信息和日趋复杂的医疗健康问题，为疾病的预防、预测、诊断、治疗、康复提供持续的、强大的辅助决策支持。

④现代医学信息系统的主要发展趋势如下：

医学网格：由各种应用程序、服务和能处理医学数据的中间件构成。网格资源包括数据、计算能力、医学专家及其知识，甚至还包括医疗设备。

无线人体体域网技术：无线传感网络与生物微系统技术相结合，就构成了无线人体体域网。它与可穿戴技术等结合在一起，对病人进行身心状态的全天候监测。

⑤远程医学：使用远程通信技术和计算机多媒体技术提供医学信息和服务。它包括远程诊断、远程会诊及护理、远程教育、远程医院信息服务等所有医学活动。

（3）制造业应用：计算机集成制造（Computer Integrated Manufacturing，CIM）用计算机将工厂中的自动化处理装置连接在一起，以减少设计时间、提高设备使用率、缩短制造周期、降低库存以及提高产品质量。另外还包括计算机辅助设计和制造、柔性制造、机器人、计算机视觉系统等。

①计算机辅助设计和制造：计算机辅助设计（Computer Aided Design，CAD）和计算机辅助制造（Computer Aided Manufacturing，CAM）已经成为大多数制造系统的重要组成部分。使用 CAD 系统，利用其功能强大的计算机图形工作站工作。设计图上的每个元素都按照所定义的规格显示在屏幕上，可通过在设计图上添加、删除或修改细节来快速做出修改。CAD 设计图经常会输入 CAM 系统中。CAM 系统借助信息技术实现了制造过程的自动化并对制造过程进行管理。

②柔性制造（Flexible Manufacturing Cell，FMC）：通过自动准备下一步工作所需要的机器，提高了整个制造过程的效率。将机器准备时间缩短 75%，同时使产品质量提高 75%～90% 的能力就是柔性制造。

（4）电子商务：基本的电子商务和电子业务信息系统的应用，公司形象、产品和服务的营销宣传，这是常见的电子商务应用形式，利用互联网向客户"通报"有关产品、服务和公司策略的信息。大多数企业都已经实现了这个层次的电子商务。

企业对客户（B2C）的电子商务模式。这种模式为传统的产品和服务提供了新的基于 Web 的销售渠道，可以直接通过互联网查询商品、订购商品并为商品付款。

我国电商平台蓬勃发展，以天猫商城、京东商城和苏宁易购等为代表，极大地丰富了人们日常生活，促进了互联网行业的进步，营利模式有广告、自营和收取技术服务费等。其本质是信息技术与商务活动的有机结合，以信息技术为载体，以商务运营为营利手段。这种商务模式推广于各个领域如购房、求职和装修等。随着电商平台的不断发展，我国互联网经济在国际上的地位也在不断提升，在多个领域已达到世界领先水平。

（5）信息化在公共管理中的应用：新型的公共管理模式是一种以政府为主导的公共服务活动过程，这种活动过程的主要活动内容是对人类的社会生活提供公共服务。所谓的管理就是科学与人性的结合。社会的进步和科技的发展使得我们在日常生活中接触到的信息与日俱增，那么，如何在这种信息量巨大的社会环境之下进行科学有效的管理，是一个非常值得我们思考的问题。信息化技术所涉及的应用领域众多，其自身的技术特点也决定了必须走程序化管理的路线。典型的应用如电子政务等。

信息技术在公共管理模式中的程序化管理：程序化管理意味着其管理流程是按一定的模式过程来操作的，是有一定的规律可循的。除此之外，程序化的管理流程中，每个环节的结合是十分紧密的。这样一来，紧密的管理流程必然会使得公共管理工作的结果更严谨真实，工作效率更加高效。

信息化在公共管理中的应用创新：信息化过程中，我们的公共管理组织所面临的主要问题就是分析我国的公共事业组织的信息化发展方向。我国的公共管理必须要经过不断的创新才可以推进整体的发展和进步，从而进一步提高公共行政管理的水平。信息化在公共管理中的应用创新主要体现在管理手段、管理观念以及管理内容上的发展。之前传统的行政管理模式是一种典型的金字塔模式，上层的信息要想传递下去，就必须经过层层传达。但是随着新型公共行政管理模式的出现，这种信息传递模式已经转变为横向的，且人民群众的积极参与热情也在这种新型的管理模式之下被激发出来了。

其他应用领域：教育、娱乐、军事、农业，等等。

第 2 章
计算机系统

第 1 节 / 计算机发展概述

计算机发展历程：早期的计算工具、机械计算机、机电计算机、电子计算机。

（1）早期的计算工具

早期的计算工具包括算筹、算盘。算筹又称筹、策、算子等，起源很早 。我国南北朝时期杰出的数学家、天文学家祖冲之借助算筹作为计算工具计算出圆周率。算盘也称珠算，是中国劳动人民创造的一种计算工具，由古代"算筹"演变而来，素有"中国计算机"之称。

（2）机械计算机

机械计算机包括计算钟、加法器、乘法器、差分机、分析机。计算钟是第一台机械式计算设备，是带有进位机制、执行四则运算的计算模型。1642年，帕斯卡发明了齿轮式能实现加减法运算的计算器，这种机器能够做6位加法和减法，是人类历史上第一台机械计算机。德国著名数学家和思想家戈特弗里德·威廉·莱布尼茨将帕斯卡的"加法器"扩大为乘除运算，构建了乘法器。

无论是帕斯卡，还是莱布尼茨，他们发明的机器都缺乏程序控制功能。工业社会首次大规模应用程序控制的机器不是计算机，而是纺织行业中的提花编织机，它对计算机程序设计的思想产生过巨大的影响。

1822年，英国剑桥大学著名数学家查尔斯基于对提花机的研究，成功研制第一台差分机，可用于计算数的平方、立方、对数和三角函数；能进行8位数运算，计算精度达6位小数。1833年，巴贝奇设计出了分析机模型，这个模型包括现代计算机所具有的5个基本组成部分：齿轮式的存储装置"仓库"；资料处理装置"工厂"；控制装置；输入装置；输出装置。

（3）机电计算机

电磁式计算机 Mark I，也叫"自动序列受控计算机"，在计算机发展史上占据重要地位，是计算机"史前史"里最后一台著名的计算机，发明者是美国哈佛大学艾肯博士。

1944年，经过四年的努力，Mark I 在哈佛大学正式启动。它的外壳用钢和玻璃制成，长约15米，高约2.4米，质量达31 500千克。它装备了3 000多个继电器，共有15万个元件和长达800千米的电线，用十进制计数齿轮组作为存储器，采用穿孔纸带进行程序控制。这台机器每秒能进行 3 次运算，23 位数加 23 位数的加法，仅需要 0.3 秒；而进行同样位数的乘法，则需要 6 秒多时间。运行时噪声很大，可靠性不够高，但仍然在哈佛大学使用了 15 年。

为 Mark 系列计算机编写程序的，是女数学家格雷斯·霍波。霍波博士在发生故障的 Mark Ⅱ 计算机里找到了一只飞蛾，这只小虫被夹扁在继电器的触点上，影响了机器运作。于是，霍波把它小心地保存在工作笔记本里，并把程序故障统称为"臭虫"（bug），这一奇怪的称呼，后来成为计算机领域的专业术语（计算机硬件故障或软件缺陷）。

（4）电子计算机

1946 年 2 月 15 日，世界上第一台电子数字计算机在美国宾夕法尼亚大学莫尔学院诞生。ENIAC 是电子数值积分和计算机（The Electronic Numerical Integrator and Computer）的缩写。ENIAC 的基本情况：36 岁的莫奇利提出总体设计，24 岁的埃克特负责工程技术问题，年轻的戈尔斯坦负责组织协调。与后来的存储程序型的计算机不同，它的程序是外插型的，使用很不方便。其占地面积 170 平方米；用了大约 18 000 只电子管，1 500 个继电器，70 000 只电阻，18 000 只电容；耗资近 49 万美元；质量达 30 000 千克。运算速度为每秒 5 000 次加法。耗电量惊人，功率为 150 千瓦，常常因为电子管烧坏而需要停机检修。存储容量小，至多只能存储 20 个字长为 10 位的十进制数。

ENIAC 特点：采用电子线路来执行算术运算、逻辑运算和存储信息；速度快；存储容量太小；执行程序前要进行复杂的线路连接。

图灵：阿伦·图灵（Alan Turing，1912—1954）是英国著名的

数学家和逻辑学家，被称为"人工智能之父"。1936年，图灵在他的一篇具有划时代意义的论文——《论可计算数及其在判定问题中的应用》中，论述了一种假想的通用计算机器，也就是理想计算机，被后人称为"图灵机"（Turing Machine，TM）。标准确定单带图灵机是由一条双向都可无线延长的被分为一个个小方格的磁带，一个有限状态控制器和一个读写磁头组成。图灵机的提出奠定了现代计算机的理论基础。1945年，图灵带领一批优秀的电子工程师，着手制造自动计算引擎（Automatic Computing Engineer，ACE）；1950年，ACE样机公布于世，当时被称为世界上最快最强有力的电子计算机；1950年10月，图灵发表了论文《计算机和智能》（Computing Machinery and Intelligence），论文提出"计算机能思维吗?"，指出如果一台机器对于质问的响应与人类做出的响应完全无法区别，那么这台机器就具有智能性。这一论断称为"图灵测试"（Turing Test），它奠定了人工智能理论的基础。1954年，42岁的图灵英年早逝。从1966年开始，每年由美国计算机学会（Association for Computing Machinery，ACM）颁发"图灵奖"（Turing Award）给世界上优秀的计算机科学家。

约翰·冯·诺依曼（John Von Neumann）：1903年12月28日出生在匈牙利布达佩斯。1945年6月30日，莫尔学院发布了冯·诺依曼总结的存储程序通用计算机方案——离散变量自动电子计算机（EDVAC）方案。

EDVAC奠定了现代计算机的基本结构，明确了计算机的5个组成部分：运算器、控制器、存储器、输入装置、输出装置。采用二进制计数和计算，存储程序方式。

冯·诺依曼提出的这种计算机的基本结构，被称为"冯·诺依曼体系结构"。

第 2 节 计算机分类

超级计算机：其体积大、速度快、功能强、价格也高，主要为国家安全、空间技术、天气预报、石油勘探、生命科学等领域的高强度计算服务。

大型机和中型机：主要指高性能大容量的通用计算机，标准化的体系结构和批量生产。在银行、税务、大型企业、大型工程设计等领域得到广泛应用。

微型计算机：包括台式计算机、笔记本计算机、个人数字助理、平板 PC 机等。

第 3 节 计算机组成

微型计算机由硬件系统和软件系统组成。硬件指的是所能够看得见的组成计算机的物理设备，例如：显示器、主机等，是构成计算机的实体；软件是用来指挥计算机完成具体工作的程序和数据，是整个计算机的灵魂。

1 硬件组成

（1）CPU

中央处理单元（CPU），包括运算器和控制器。运算器（核心部件）运算包括逻辑运算和算术运算。控制器，计算机的指挥中心，它的主要功能是按照人们预先确定的操作步骤，控制计算机各部件步调一致地自动工作。

（2）存储器

内部存储器：又称主存，存储可供 CPU 直接取用的程序和数据。存取速度快，容量比较小，包括随机存储器 RAM、只读存储器 ROM。

RAM（随机存储器）：可读可写，断电丢失信息。

ROM（只读存储器）：只能读不能写，断电信息不丢失。

外部存储器：又称外存，存取速度慢，可长久存放大量的信息，包括硬盘、软盘、光盘、磁带等。

内存和外存的区别：内存存取速度快，外存存取速度慢。内存容量小，外存容量大。大部分内存是不能长期保存信息的随机存储器（RAM，断电后信息丢失），而存放在外存中的信息可以长期保存。

（3）输入与输出设备

输入设备：向计算机内部输入信息的设备，如键盘、鼠标、扫描仪、数码相机、光笔等。

输出设备：计算机向用户输出信息的设备，如显示器（彩色显示器、黑白显示器）、打印机（针式打印机、喷墨式打印机、彩色打印机）、绘图仪。

2 软件组成

软件系统由系统软件、应用软件和程序设计语言三部分组成。

（1）系统软件：用来管理、监控和维护计算机资源的软件。如：操作系统、语言及解释程序和编译程序、调试程序、故障检查和诊断程序（厂家提供，属于只读文件）。

（2）应用软件：用户利用计算机及其提供的系统软件，为解决实际问题编制。如：Word、PowerPoint。

（3）程序设计语言：

①机器语言：第一代语言。二进制代码语言。

②汇编语言：第二代语言。符号化的机器语言，面向机器。

③高级语言：第三代语言，也称算法语言。面向过程、对象的语言。

③ 操作系统

操作系统包括 Unix 操作系统，Linux 操作系统，Windows 操作系统。

Unix 操作系统

Unix 是一个强大的多用户、多任务操作系统，支持多种处理器架构，按照操作系统的分类，属于分时操作系统。Unix 是美国 AT&T 公司在 PDP-11 上运行的操作系统。目前商标权由国际开发标准组织（The Open Group）所拥有。

特点：多任务、多用户；并行处理能力；安全保护机制；功能强大的 shell；强大的网络支持，Internet 上各种服务器的首选操作系统；稳定性好；系统源代码用 C 语言写成，移植性强。

优势：Unix 是最早出现的操作系统之一，发展趋于成熟；C 语言因 Unix 而出现，具有强大的可移植性，适合多种硬件平台；Unix 具有良好的用户界面；提供了完美而强大的文本处理工具；为用户提供良好的开发环境；好的文件系统，如 UFS，AFS，EAFS；强大的网络功能，集群和分布式计算；完善的系统审计；强大的系统安全机制；系统备份功能完善；系统结构清晰，有利于操作系统的教学和实践；系统的专业性和可定制性强；Unix 系统具有强稳定性和健壮的系统核心；系统的规范性；功能强大的帮助系统。

Linux 操作系统

Linux 是一种自由和开放源代码的类 Unix 操作系统。Linux 可安装在各种计算机硬件设备中，从手机、平板计算机、路由器和视频游戏控制台，到台式计算机、大型机和超级计算机。Linux 是一个领先的操作系统，世界上运算最快的 10 台超级计算机运行的都是 Linux 操作系统。Linux 的特性：

开放性：系统遵循世界标准规范，特别是遵循开放系统互连（OSI）国际标准。

多用户：系统资源可以被不同用户各自拥有使用。

多任务：指计算机同时执行多个程序，而且各个程序的运行互相独立。

良好的用户界面：Linux 向用户提供了两种界面，分别是用户界面和系统调用界面。

完整的开发平台：Linux 支持一系列的开发工具，几乎所有主流程序设计语言都已移植到 Linux 上了，并且可以免费得到。

支持多种硬件平台的操作系统（良好的可移植性）：从普通的 PC 机到高端的超级并行计算机系统，都可以运行 Linux 系统。

强大的网络功能：Linux 诞生于网络，发展于网络，具有强大的网络功能，Linux 支持 TCP/IP 协议，能与 Windows、Unix 等不同操作系统集成在同一网络中共享资源，通过 Modem、ADSL 等连接到 Internet 上。

设备独立性：设备独立性是指操作系统把所有外部设备统一视为文件，只要安装它们的驱动程序，任何用户都可以像使用文件一样操作、使用这些设备，而不必知道它们的具体存在形式。

可靠的系统安全：Linux 采取了许多安全技术措施，包括对读、写控制、带保护的子系统、审计跟踪、核心授权等，这为网络多用户环境中的用户提供了必要的安全保障。

Linux 操作系统也存在缺点，例如：Linux 的应用软件不足；许多硬件设备面对 Linux 的驱动程序不足。

Linux 主要用途：Android；小众个人计算机；机顶盒；自动柜员机；维基百科等。

Windows 操作系统

Windows 中文是窗户的意思，微软公司推出的视窗计算机操作系统名为 Windows。

微软的 Windows 操作系统从 16 位、32 位到 64 位，从最初的 Windows 1.0 到大家熟知的 Windows 95、NT、97、98、2000、Me、XP、Server、Vista，Windows 7，Windows 10 等。

Windows 98 主要特点：最突出的特点是在 Windows 95 的基础上加入了浏览器，融入了 Internet 通信工具，包括电子邮件、网络视频会议、网上信息发布、网页制作、个人 Web 服务器等；提供了 FAT 文件系统的改进版本 FAT32；实现了完整的用户注册功能。

Windows 2000 主要特点：软件界面相对好看；稳定性、安全性等方面取得了进步；网络管理功能大大增强；硬件需要更大支持。

Windows XP 主要特点：用户界面比以往的视窗软件更加友好；充分考虑了人们在家庭联网方面的要求；考虑了数码多媒体应用方面的要求；硬件上又一次升级；充分考虑计算机的安全需求，内建了极其严格的安全机制，每个用户都可以拥有高度保密的个人特别区域。

Windows 7 可供家庭及商业工作环境：笔记本计算机、多媒体中心等使用。和同为 NT6 成员的 Windows Vista 一脉相承，Windows 7 继承了包括 Aero 风格等多项功能，并且在此基础上增添了些许功能。Windows 7 的设计主要围绕五个重点：针对笔记本计算机的特有设计；基于应用服务的设计；用户的个性化；视听娱乐的优化；用户易用性的新引擎。跳跃列表，系统故障快速修复等，这些新功能令 Windows 7 成为最易用的 Windows。Windows 7 特点如下：

易用：Windows 7 简化了许多设计，如快速最大化，窗口半屏显示，跳转列表（Jump List），系统故障快速修复等。

简单：Windows 7 使得搜索和使用信息更加简单，包括本地、网络和互联网搜索功能，直观的用户体验更加高级，能够整合自动化应用程序提交和交叉程序数据透明性。

效率高：Windows 7 中，系统集成的搜索功能非常强大，只要用户打开开始菜单并输入搜索内容，无论是查找应用程序还是文本文档等，搜索功能都能自动运行，为用户带来极大的便利。

2019 年 1 月 15 日，微软公司宣布，2020 年 1 月 14 日停止对 Windows 7 进行安全更新支持。

Windows 10 在易用性和安全性方面有了极大的提升，除了针对云服务、智能移动设备、自然人机交互等新技术进行融合外，还对固态硬盘、生物识别、高分辨率屏幕等硬件进行了优化完善与支持。包括以下新的系统功能：

生物识别技术，Windows 10 所新增的 Windows Hello 功能带来一系列对于生物识别技术的支持。除了常见的指纹扫描之外，系统还能通过面部或虹膜扫描进行登录识别。

新技术融合，在易用性、安全性等方面进行了深入的改进与优化。针对云服务、智能移动设备、自然人机交互等新技术进行融合。

第 3 章

网络信息技术应用

教学目标

　　通过本章的学习，掌握计算机网络的基础知识、互联网信息技术的基本原理以及应用。教学结合云计算和物联网等信息技术应用的教学内容，从数据隐私和信息安全角度介绍如何正确、安全地使用计算机网络，从"非"的角度引导学生思考如何正确、安全地使用计算机网络，树立正确的世界观。

第 1 节　初识计算机网络

　　计算机网络就是利用通信设备和线路将分布在不同地理位置的多个独立的计算机系统互联起来，在网络软件系统（包括网络通信协议、网络操作系统和网络应用软件等）控制下，实现计算机之间相互通信和资源共享的网络系统。

总线结构

所有的结点都通过相应的硬件接口连接到一根中心传输线（称为总线或 Bus）上。它是一种共享通道的结构，总线上的任何一个结点都是平等的，当某个结点发出信息时，其他结点被抑制，但允许接收。如图 3-1 所示。

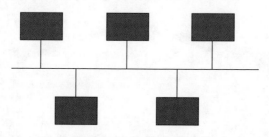

图 3-1　总线结构

优点：结构简单，安装、扩充或删除结点容易，某个结点出现故障不会引起整个系统的崩溃，信道利用率高，资源共享能力强，适合于构造宽带局域网。

缺点：通信传输线路发生故障会引起网络系统崩溃，网络上信息的延迟时间是不确定的，不适于实时通信。

环型结构

环型结构是一种闭合的总线结构。所有的结点都通过中继器连接到一个封闭的环上，任意结点都要通过环路相互通信，有单环结构和双环结构两种。如图 3-2 所示。

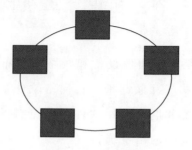

图 3-2　环型结构

优点：网上的每一个结点都是平等的，容易实现高速和长距离通信，由于传输信息的时间是固定的，易于实时控制，被广泛应用在分布式处理中。

缺点：网络的吞吐能力差，由于通信线路是封闭的，扩充不方便，而且环中任一结点发生故障时，整个系统就不能正常工作。

星型结构

星型结构所有结点均通过独立的线路连接到中心结点上，中心结点是整个网络的主控计算机。各结点之间的通信都必须通过中心结点，这是一种集中控制方式。如图3-3所示。

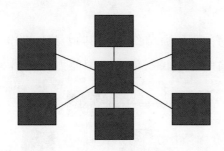

图 3-3 星型结构

优点：安装容易，便于管理，某条线路或结点发生故障时不会影响网络的其他部分，数据在线路上传输时不会引起冲突。这种结构适用于分级的主从式网络，采用集中式控制。

缺点：通信线路总长较长，费用较高，对中央结点的可靠性要求高，一旦中央结点发生故障，将导致整个网络系统的崩溃。

树型结构

树型结构是从星型结构扩展而来的。在树型结构中，各结点按级分层连接，处于越高层的结点其可靠性要求就越高。与总线结构相比较，其主要区别就是总线结构没有"根"，即中心结点。如图3-4所示。

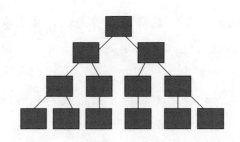

图 3-4　树型结构

优点：线路连接简单，容易扩充和进行故障隔离。适用于军事、政府等上、下界限严格的部门。

缺点：结构比较复杂，对根的依赖性大。

网型结构

任一结点至少有两条通信线路与其他结点相连，因此各个结点都应具有选择传输线路和控制信息流的能力。如图 3-5 所示。

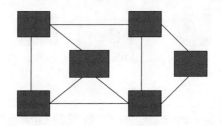

图 3-5　网型结构

优点：可靠性高，当某一线路或结点出现故障时，不会影响整个网络的运行。

缺点：网络管理与路由控制软件比较复杂，通信线路长，硬件成本较高。

第 2 节　计算机网络的功能

数据通信：网络上的计算机间可进行信息交换，可以利用网络收发电子邮件、发布信息，进行电子商务、远程教育及远程医疗等。

资源共享：网络中各地的资源（包括软件、硬件和数据）可以互相通用。网络上各用户不受地理位置的限制，在自己的位置上可以使用网络上的部分或全部资源。

分布式处理：在网络操作系统的控制下，网络中的计算机协同工作，完成仅靠单机无法完成的大型任务。

计算机网络的分类：局域网、城域网和广域网。

通信协议：在计算机网络中，任意两个结点间的通信规则和约定称为通信协议。通信协议是由一组程序模块实现的。当网络中的两台设备需要通信时，双方应遵守共同的协议进行。

OSI（Open System Interconnection）开放式网络系统互联标准参考模型：国际标准化组织 ISO（International Organization for Standardization）在 1979 年颁布了 OSI 开放式网络系统互联标准参考模型。所有符合该标准的系统，都可以实现互联。

OSI 不是一个实际的物理模型，而是一个将通信协议规范化了的逻辑参考模型。它根据网络系统的逻辑功能将其分为七层，并规定了每一层功能、要求、技术特性等。七层主要包括：物理层、数据链路层、网络层、传输层、会话层、表示层和应用层。

第 3 节　Internet 概述

Internet 是一个国际性的网络集合。1997 年 7 月，全国科学技术名词审定委员会将其译名确定为"因特网"。Internet 本身不是一种具体的物理网络，而是一种逻辑概念。它是把世界各地已有的各种网络（包括计算机网络、数据通信网、公用电话交换网等）互连起来，组成了一个世界范围内的超级互联网，是连接网络的网络。

Internet 的发展概况

1969 年至 1984 年为研究实验阶段。这个时期 Internet 以 ARPAnet 为主干网，进行网络的生存能力验证，并提供给美国科研机构、政府部门和政府项目承包商使用。

1984 年至 1992 年为实用发展阶段。这时的 Internet 以美国国家科学基金网 NSFnet 为主干网，继续采用基于 IP 的网络通信协议，用户通过 NSFnet 不但可以使用网上任一超级计算中心的设备，还可以同网上的任一用户进行通信和获取网上的大量信息和数据。

1992 年以后进入了商业化阶段。进入这个时期后，Internet 的用户向全世界迅速发展，随着网上通信量的激增，Internet 不断采用新的网络技术来适应发展的需要，其主干网也从原来由政府部门资助转化为由计算机公司、商业性通信公司提供。

Internet 的联网方式

拨号连接入网：通过公共交换电话网联网时，用户使用调制解调器（Modem）与互联网服务提供商（ISP）相连接，再通过 ISP 接入互联网。

通过 ADSL 联网：它采用专线或虚拟拨号入网方式，需要使用 ADSL Modem。

通过局域网联网：局域网使用路由器通过数据通信网与 ISP 相连接，再通过 ISP 接入互联网。

无线方式联网：无线局域网（WLAN）联网，使用传统局域网和无线网卡。

第 4 节 / TCP/IP 协议

TCP/IP 协议是互联网络信息交换规则、规范的集合体，包含

100多个相互关联的协议，TCP和IP是其中最关键的两个。

IP（Internet Protocol）网际协议

"无连接"数据报传输，通信不需事先建立连接、有差错处理、不保证数据可靠传输。定义了Internet上计算机之间的路由选择，把各种不同网络的物理地址转换为Internet地址。

TCP（Transmission Control Protocol）传输控制协议

面向"连接"，通信的双方必须先建立连接，才能进行通信；在通信结束后，终止它们的连接，这是一种具有高可靠性的服务。规定了怎样对传输信息分层、分组和在线路上传输。主要解决以下三方面的问题：恢复数据报的顺序、丢弃重复的数据报、恢复丢失的数据报。

TCP/IP协议采用四层结构：应用层、传输层、网络层和接口层。

TCP/IP协议的数据传输过程：TCP协议将源信息分解成若干个数据报，每个数据报加上一个TCP信封。所谓信封，就是加一个控制头，里面有宿主机地址、数据重组和防止信息包被破坏的信息。IP协议在每个TCP信封外面再加一个所谓的IP信封，也就是加上一个IP控制头，其上有接收主机的地址，然后通信驱动程序由物理网传送。IP数据报自身不能保证传输的可靠性，需要由TCP保持正确的IP数据报通过网络。

IP地址与域名系统

域名和IP地址是Internet地址的两种表示方式，它们是一一对应的。

域名和IP地址的区别：域名是提供用户使用的地址，IP地址是由计算机进行识别和管理的地址。

IP地址是Internet上主机的一种数字型的标识。它标明了主机在网络中的位置，因此，每一个IP地址在全球是唯一的，而且格式统一。

IP地址为4字节长，每字节均小于256，其格式为4个用点号分隔的十进制整数。

形如：×××.×××.×××.×××

域名：IP地址不便记忆，而域名采用分层次方法命名，每一层构成一个子域名，子域名之间用点号分隔，自右至左逐渐具体化。

域名的表示形式

主机名·网络名·机构名·最高层域名

例如大连理工大学：www. dlut. edu. cn

最高层域名是国家代码或组织机构。由于Internet起源于美国，所以最高层域名在美国用于表示组织机构，美国之外的其他国家用于表示国别或地域。

域名系统：把域名转换成对应的IP地址的软件称为"域名系统"（Domain Name System），简称DNS。

域名服务器（Domain Name Server）：是装有域名系统软件的主机。

域名使用注意事项：大写字母和小写字母在域名中没有区别。域名的每一部分与IP地址的每一部分没有任何对应关系。

URL：在万维网上，每一条信息资源都有统一的且在网上唯一的地址，该地址就叫作URL（Uniform Resource Locator）地址。URL地址由三部分组成：资源类型://存放资源的主机域名/资源文件名，如http：//WWW. tsinghua. edu. cn/top. HTML。

URL地址表示的资源类型：http指超文本传输协议；FTP指文件传输协议；Telnet指与主机建立远程登录连接；Mailto指提供E-mail功能。

第 5 节　Web、网页与网站

Web 的定义

Web 是 WWW（World Wide Web）的简称，又称"万维网"。

Web 是建立在客户机/服务器（Client/Server）模型之上，以 HTML 语言和 HTTP 协议为基础，能够提供面向各种 Internet 服务的、一致的用户界面的一种信息服务系统。

Web 的基本概念

超文本：一种全局性的信息结构，它将文档中的不同部分通过关键字建立连接，使信息得以用交互方式搜索。

超媒体：超文本与多媒体在信息浏览环境下的结合。

超链接：指从一个网页指向一个目标连接的关系，这个目标可以是另一个网页，也可以是相同网页上不同位置，还可以是一幅图片、一个电子邮件的地址、一个文件或者是一个应用程序。

网页：存放在网络的 Web 服务器中的一个文件。互联网上的每一个网页都具有一个唯一的名称标识，通常称为 URL 地址。

超文本标记语言（Hyper Text Markup Language，HTML）：一种制作 Web 网页的标准语言。目前统一的版本是 HTML 4.0。

网站：在互联网上根据一定规则，使用 HTML 等工具制作的，用于展示特定内容的相关网页集合。

第 6 节　Internet 资源

浏览器：指可以显示网页服务器或者文件系统的 HTML 文件内容，并让用户与这些文件进行交互的一种软件，它是人们在互联网上使用频繁的一种客户端程序。

搜索引擎：是指根据一定的策略、运用特定的计算机程序搜索互联网上的信息，在对信息进行组织和处理后显示给用户，为用户提供检索服务的系统。搜索引擎目前已经成为人们上网的必备工具之一。

E-mail 地址：在 Internet 上，每一个电子邮件用户所拥有的电子邮件地址称为 E-mail 地址，它具有如下统一格式：用户名 @ 主机域名。

电子邮件服务器：主流的电子邮件服务器有两种，分别是 POP3 邮局协议服务器和 SMTP 简单邮件传送协议服务器。POP3 服务器主要用于存放用户所接收到的电子邮件。SMTP 服务器主要负责发送用户的电子邮件。以上两种服务器既可以各自独立，也可以合二为一。

文件传输协议（FTP）：FTP 是 Internet 传统的服务之一。FTP 能使用户在两个联网的计算机之间传输文件。使用 FTP，主要有 3 种方法：直接在 IE 浏览器中使用，用户可直接在 IE 中下载各种软件；在 MS-DOS 中运行 Windows 自带的 FTP 程序；使用 FTP，如 FlashFXP 等。

第 7 节 / 创新联网服务及应用

云计算

利用大规模的数据中心或超级计算机集群，通过互联网将计算机硬件和系统软件等资源，以免费或按需付费的方式供给使用者，应用则以服务的方式提供，这类服务就是"软件即服务"。

云：云是一些可以自我维护和管理的虚拟计算资源，通常为一些大型服务器集群，包括计算服务器、存储服务器、宽带资源等。云计算将所有的计算资源集中起来，并由软件实现自动管理，不需要人为参与。这使得应用提供者不需要为烦琐的细节而烦恼，能够更加专注于自己的业务，有利于创新和降低成本。

云计算特点：（1）超大规模，服务器群；（2）虚拟化，可以看作是一片用于计算的云；（3）高可靠性，冗余副本、负载均衡；（4）通用性，支撑千变万化的实际应用；（5）高可扩展性，灵活、动态伸缩；（6）按需服务，按需购买；（7）价格低，不再需要一次性购买超级计算机；（8）安全，摆脱数据丢失、病毒入侵；（9）方便，支持多终端、数据共享。

物联网及其产品应用

物联网概念是在"互联网概念"的基础上，将其用户端延伸和扩展到物品与物品之间，进行信息交换和通信的一种网络概念。其定义是：通过射频识别（RFID）、红外感应器、全球定位系统、激光扫描仪等信息传感设备，按约定的协议，把物品与互联网相连接，进行信息交换和通信，以实现智能化识别、定位、跟踪、监控和管理的一种网络概念。

智能家居产品融合自动化控制系统、计算机网络系统和网络通信技术于一体，将各种家庭设备，如音视频设备、照明系统、窗帘控制、空调控制、安防系统、数字影院系统、网络家电等，通过智能家庭网络联网实现自动化。与普通家居相比，智能家居不仅提供舒适宜人且高品位的家庭生活空间，实现更智能的家庭安防系统，还将家居环境由原来的被动静止结构转变为具有能动智慧的工具，提供全方位的信息交互功能。

智能医疗系统借助简易实用的家庭医疗传感设备，对家中病人或老人的生理指标进行测试，并将生成的生理指标数据通过网络传送到护理人或有关医疗单位。根据客户需求，中国电信还提供相关的增值业务，如紧急呼叫救助服务、专家咨询服务、健康档案管理服务等。

智能环保产品通过对实施地表水质的自动监测，可以实现水质的实时连续监测和远程监控，及时掌握主要流域重点断面水体的水质状况，预警预报重大或流域性水质污染事故，解决跨行政区域的水污染事故纠纷，监督总量控制制度落实情况。例如：太湖环境监控项目，通过安装在环太湖地区的各个监控的环保和监控传感器，将太湖的水文、水质等环境状态提供给环保部门，实时监控太湖流域水质等情况，并通过互联网将监测点的数据报送至相关管理部门。

智能城市产品包括对城市的数字化管理和城市安全的统一监控。前者利用"数字城市"理论，基于3S（地理信息系统GIS、全球卫星定位系统GPS、遥感系统RS）等关键技术，深入开发和应用空间信息资源，建设服务于城市规划、城市建设和管理，服务于政府、企业、公众，服务于人口、资源环境、经济社会的可持续发展的信息基础设施和信息系统。后者基于宽带互联网的实时远程监控、传输、存储、管理的业务，利用强大的宽带和3G网络，将分散、独立的图像采集点进行联网，实现对城市安全的统一监控和管理，为城市管理者和建设者提供一种全新、直观、视听觉范围延伸的管理工具。

智能交通系统包括公交行业无线视频监控平台、智能公交站台、电子票务、车管专家和公交手机一卡通五种业务。

（1）公交行业无线视频监控平台利用车载设备的无线视频监控和GPS定位功能，对公交运行状态进行实时监控。

（2）智能公交站台通过媒体发布中心与电子站牌的数据交互，实现公交调度信息数据的发布和多媒体数据的发布功能，还可以利用电子站牌实现广告发布等功能。

（3）电子票务是二维码应用于手机凭证业务的典型应用，从技术实现的角度，手机凭证业务就是手机凭证，是以手机为平台、以移动网络为媒介，通过特定的技术实现完成凭证功能。

（4）车管专家利用全球卫星定位技术、无线通信技术、地理信息系统技术、中国电信3G等高新技术，将车辆的位置与速度，车内外的图像、视频等各类媒体信息及其他车辆参数等进行实时管理，有效满足用户对车辆管理的各类需求。

（5）公交手机一卡通将手机终端作为城市公交的介质，除完成公交刷卡功能外，还可以实现小额支付、空中充值等功能。

测速 E 通通过将车辆测速系统、高清电子警察系统的车辆信息实时接入车辆管控平台，同时结合交警业务需求，基于地理信息系统通过 3G 无线通信模块实现报警信息的智能、无线发布，从而快速处置违法、违规车辆。

智能司法是一个集监控、管理、定位、矫正于一体的管理系统。能够帮助各地各级司法机构降低刑罚成本、提高刑罚效率。目前，中国电信已实现通过 CDMA 独具优势的 GPSONE 手机定位技术对矫正对象进行位置监管，同时具备完善的矫正对象电子档案、查询统计功能，并包含对矫正对象的管理考核，给矫正工作人员的日常工作带来信息化、智能化的高效管理平台。

智能农业产品通过实时采集室内温度、湿度信号以及光照、土壤温度、CO_2 浓度、叶面湿度、露点温度等环境参数，自动开启或者关闭指定设备。可以根据用户需求，为环境进行自动控制和智能化管理提供科学依据。通过模块采集温度传感器等信号，经由无线信号收发模块传输数据，实现对大棚温湿度的远程控制。智能农业产品还包括智能粮库系统，该系统通过将粮库内温湿度变化的感知与计算机或手机的连接进行实时观察，记录现场情况以保证粮库内的温湿度平衡。

智能物流打造了集信息展现、电子商务、物流配载、仓储管理、金融质押、园区安保、海关保税等功能为一体的物流园区综合信息服务平台。信息服务平台以功能集成、效能综合为主要开发理念，以电子商务、网上交易为主要交易形式，建设了高标准、高品位的综合信息服务平台。并为金融质押、园区安保、海关保税等功能预留了接口，可以为园区客户及管理人员提供一站式综合信息服务。

智能校园，中国电信的校园手机一卡通和金色校园业务，促进了校园的信息化和智能化。校园手机一卡通主要实现的功能包括：电子钱包、身份识别和银行圈存。电子钱包即通过手机刷卡实现主要校内消费；身份识别包括门禁、考勤、图书借阅、会议签到等；银行圈存即实现银行卡到手机的转账充值、余额查询。校园手机一卡通的建设，除了满足普通一卡通功能外，还实现了借助手机终端实现空中圈存、短信互动等应用。

中国电信实施的"金色校园"方案，帮助中小学用户实现学生信息管理电子化，老师办公无纸化和学校管理的系统化，使学生、家长、学校三方可以时刻保持沟通，方便家长及时了解学生学习和生活情况，通过一张薄薄的"学籍卡"，真正达到了对未成年人日常行为的精细管理，最终达到学生开心、家长放心、学校省心的效果。

智能文博系统是基于RFID和中国电信的无线网络，运行在移动终端的导览系统。该系统在服务器端建立相关导览场景的文字、图片、语音以及视频介绍数据库，以网站形式提供专门面向移动设备的访问服务。移动设备终端通过其附带的RFID读写器，得到相关展品的EPC编码后，可以根据用户需要，访问服务器网站并得到该展品的文字、图片语音或者视频介绍等相关数据。该产品主要应用于文博行业，实现智能导览及呼叫中心等应用拓展。

中国电信 M2M 平台是物联网应用的基础支撑设施平台。秉承发展壮大民族产业的理念与责任感，凭借对通信、传感、网络技术发展的深刻理解与长期的运营经验，中国电信 M2M 协议规范引领着 M2M 终端、中间件和应用接口的标准统一，为跨越传感网络和承载网络的物联信息交互提供表达和交流规范。在电信级 M2M 平台上驱动着遍布各行各业的物联网应用逻辑，倡导基于物联网络的泛在网络时空，让广大消费者尽情享受物联网带来的个性化、智慧化、创新化的信息新生活。

第 4 章

信 息 检 索

教学目标

通过本章的学习，掌握信息检索系统的基本概念、原理及模型。教学结合信息系统搜索引擎部分教学内容，向学生展示我国搜索引擎企业在世界上的地位，从"是"的角度增强学生对我国信息技术企业的民族自信心。

第 1 节 / 信息检索概述

信息检索研究通常涵盖两方面亟待解决的问题：一是用户查询的理解，即如何根据用户提交的仅包含若干关键词的查询，尽可能充分地理解用户的信息需求，并为之提供符合其需求的文档或网页；二是检索模型的构建，即如何度量用户查询与待检索网页或文档之间的相关程度，并根据相关程度差异给出结果的排序列表，最大限度地满足其信息需求。为解决上述两方面的问题，信息检索研究通常从两方面展开，一方面关注于充分理解用户查询，另一方面关注于合理构建检索模型。以上两方面研究相辅相成，充分理解的用户查询可以让检索系统更加准确地定位用户信息需求，在此基础上，基于合理构建的检索模型挖掘和用户需求相关的网页或文档，以满足信息需求，提高检索准确率，改善用户体验。查询理解与检索模型示例如图 4-1 所示。

图 4-1　查询理解与检索模型示例

在检索模型方面，传统的检索模型旨在构建有效的查询表示和文档表示，通过计算二者的相似程度评估文档与查询的相关性，进而根据文档的相关性由高至低给出文档排序列表，作为检索系统的输出结果，这类方法包括向量空间模型、BM25 模型和查询似然语言模型等。以向量空间模型为例，该模型将查询和文档分别表示为词典维度的向量。其中，词典维度指检索数据集中包含的所有词项的总数，向量每一维的数值为该词项的权重，权重的计算可以采用词频逆文档频率等方式，进而基于查询表示和文档表示计算查询与文档的相似度，并以此为依据评估查询与不同文档的相关性，得到文档排序列表。近年来，排序学习（Learning to Rank，LTR）被提出并广泛应用于构建更加有效的检索模型，排序学习模型不同于传统检索模型，采用监督式机器学习方法作为核心算法，并将传统检索模型得分作为文档特征，以文档排序为模型优化目标，定义基于排序的损失函数，通过监督式训练得到最终的检索模型。排序学习模型在不同检索任务中均被证明具有较高的排序准确率，这是由于这类方法可以在直接优化排序目标的同时兼顾多种文档特征，这些文档特征从不同方面刻画查询与文档的相关性，从而更有针对性地优化检索模型，获得更好的检索效果。

由于信息检索的通用性和普适性，信息检索任务被划分为多种子任务，同时，很多研究致力于根据子任务的独有特点更有针对性地设计检索方法，以提升不同检索任务的性能。按照检索内容不同，信息检索可以划分为文本检索、图像检索、视频检索、语音检索和音乐检索等多种任务，作为经典检索任务，文本检索具有悠久历史；按照应用场景不同，信息检索可以划分为网络检索、垂直检索、企业级检索、桌面级检索和点对点检索等多种任务，其中，垂直检索指在某一特定领域范围内的信息检索，包括文献检索、专利检索和代码检索等；按照检索对象不同，信息检索可以划分为特定对象检索、信息过滤、文本分类和问答系统等多种任务，上述任务均可归结为检索问题，并采用信息检索技术加以解决。不同检索任务的解决需要根据任务自身特点改进现有检索方法，在充分理解用户查询的基础上，优化并完善检索模型，以提升检索性能，满足信息需求。

信息检索（Information Retrieval，IR），是指将信息按一定的方式组织和存储起来，并根据用户的需要找出有关信息的过程。

IR 有两种形式：Ad Hoc 和 Filtering。

Ad Hoc：对于不同的查询，数据集不变，只是按照相关性重新排序。如图 4-2 所示。

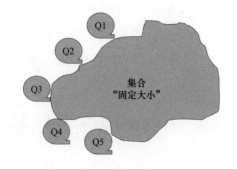

图 4-2　Ad Hoc

Filtering：文档集合按照用户需求不同发生变化，生成子文档集合进行排序。如图 4-3 所示。

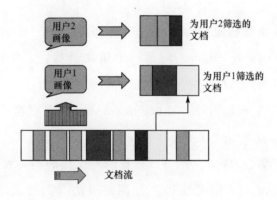

图 4-3　Filtering

现代信息检索的主要内容包括建模、文献分类、系统构建、用户界面、数据可视化、信息过滤、查询语言等。

信息检索相关概念如下：

停用词（Stop Word），指文档中出现的连词、介词、冠词等并无实际意义的词。例如在英文中常用的停用词有 the、a、it 等；在中文中常见的有是、的、地等。

索引词（标引词、关键词）：可以用于指代文档内容的预选词语，一般为名词或名词词组。

中文切词（Word Segmentation）：或称分词，主要在中文信息处理中使用，即把一句话分成一个词的序列。如，"网络与分布式系统实验室"，分词为"网络/与/分布式/系统/实验室/"。

第 2 节／信息检索模型

信息检索模型（IR Model），是指依照用户查询，对文档集合进行相关排序的一组前提假设和算法。IR 模型可表示为一个四元组的形式，即

$$< D,\ Q,\ F,\ R\ (q_i,\ d_j) >$$

式中：D 是一个文档集合；Q 是一个查询集合；F 是一个对文档和查询建模的框架；$R\ (q_i,\ d_j)$ 是一个排序函数，它给查询 q_i 和文档 d_j 之间的相关度赋予一个排序值。

"共有词汇"假设（shared bag of words）为：存在一个查询 $q = \{k_{q1},\ \cdots,\ w_{qt}\}$ 及一个文档 $d = \{k_{d1},\ \cdots,\ k_{dt}\}$，其中 k_{qi} 和 k_{di} 属于同一个词汇集合 $\{k_1,\ \cdots,\ k_t\}$，查询与文档的相关性研究基础是共有词汇的情况。其相关性和共有词的语法（词的次序）、所处的文档结构（标题，段落）以及元信息情况（作者，来源，类别等）均无关。

这蕴含着：用词汇作为相关性评价的基本依据。依据共有词汇假设的信息获取：（1）存在共有，如果 d_j 有 q 含有的某些 k_i，则相关性 $relevant\ (q,\ d_j) = 1$；（2）全部共有，如果 d_j 有 q 含有的所有的 k_i，则相关性 $relevant\ (q,\ d_j) = 1$；（3）比例共有，如果 q 和 d_j 共有多于 $m\%$ 的 k_i，则相关性 $relevant\ (q,\ d_j) = 1$。

第 3 节 / 查询扩展模型

在查询理解方面，信息检索研究通常以用户提交的原始查询为基础，采用增加查询词、删减查询词以及查询词加权等方式，对原始查询进行重构，其目标在于尽可能全面准确地覆盖用户信息需求，明确用户检索意图，进而得到更为精确的检索结果。若用户提交的查询包含较少关键词，则采用增加查询词的方式对原始查询进行补充和完善，该过程称为查询扩展（Query Expansion，QE），所增加的扩展词通常与原始查询词具有较强语义关联，其来源一方面可以是包含词项语义关联的外部文档资源，如维基百科等，另一方面可以是反馈文档，即根据用户反馈选择的与查询相关的文档。直接将初次检索排序靠前的文档作为反馈文档时，该方法称作伪相关反馈（Pseudo Relevance Feedback，PRF）；若用户提交的查询包含较多关键词，则采用删减查询词的方式对原始查询进行改进和修正，该过程称为查询缩减（Query Reduction，QR），所删减的查询词通常与原始查询的信息需求具有较弱关联性，在原始查询的基础上删减这部分词项可以突显用户的信息需求，进而提升检索效果。在查询扩展或查询缩减中，直接增加或删减部分词项很可能导致用户信息需求的部分缺失或者偏移，为避免这类情况的发生，一种常用的做法是查询词加权，即在重构查询的基础上为与用户信息需求较为密切的词项赋予较高权重，为与用户信息需求较为模糊的词项赋予较低权重，从而在全面覆盖用户信息需求的同时，兼顾查询的完整性，更为精确地理解用户查询。

1 查询扩展的概念

在信息检索领域，查询理解作为提升检索性能的有效方式，具有悠久的历史，早在1960年Maron等就提出类似查询扩展的思想，用来改善信息检索服务，充分理解查询。而早期的查询理解研究普遍遵循种子词策略，即以查询中的词作为种子词对其进行扩充和优化，达到查询理解的目的。其中，最为经典的模型是1971年Rocchio等提出的相关反馈模型。相关反馈模型首先基于用户原始查询进行初次检索；其次，将检索结果返回给用户，用户对初次检索返回的结果文档进行相关度评估，并将评估结果中的相关文档作为对初次检索的反馈，检索系统从这些相关文档中提取相关扩展词，并将这些扩展词作为对原始查询的补充；最后，根据扩展词分布情况调整查询中各词项的权重，以提升扩展查询的质量，更为准确地理解用户检索意图。然而，由于检索过程中用户的主动反馈行为通常难以获取，而基于用户反馈的检索会极大地降低检索效率和用户体验，因此，信息检索中往往采用自动化的反馈机制来替代用户的主动反馈，该类方法称作伪相关反馈。

伪相关反馈首先基于用户原始查询进行初次检索，并将初次检索结果文档中排序靠前的若干文档看作伪相关文档，以此取代相关反馈中用户主动判断相关文档的行为，进而以这些文档为基础，抽取扩展词或者对扩展查询中词项权重进行定量评估。由于伪相关反馈采用自动反馈方式代替用户主动反馈，因此，可以很大程度上节省用户时间，极大地提升检索效率。大量研究结果表明，伪相关反馈方法在不同检索模型下均能获得较高的信息检索性能，目前已被广泛采用的伪相关反馈模型包括基于向量空间模型的伪相关反馈、基于概率模型的伪相关反馈、基于相关模型的伪相关反馈和基于混合模型的伪相关反馈等。

由伪相关反馈定义可知，伪相关反馈假设初次检索获得的伪相关文档与原始查询具有较高的相关性，因而这些文档中出现的高频词项也与原始查询密切相关，并能够对原始查询起到补充和完善作用。然而，该假设在很多检索任务中很难完全成立。一方面，初次检索获得的部分伪相关文档可能与用户查询并不相关，从而导致所选的扩展词背离原始检索意图，对伪相关反馈效果产生负面影响，甚至降低检索性能；另一方面，伪相关文档中通常包含大量词项，而这些词项本身与原始查询具有不同的相关程度，如何度量这些词项的相关程度，进而从中提取核心词项作为扩展词，直接关系到检索性能提升的空间。

查询扩展：该技术指的是利用计算机语言学、信息学等多种技术，在原用户查询词的基础上通过一定的方法和策略把与原查询词相关的词、词组添加到原查询中，组成新的、更能准确表达用户查询意图的查询词序列，然后用新的查询对文档重新检索，从而改善信息检索中的查全率和查准率低下的问题，解决信息检索领域的词不匹配问题，弥补用户查询信息不足的缺陷。

目前扩展词的来源：初次检索中认为相关的文档，从用户日志或文献集中挖掘某种包含词与词间相关信息的资源。

② 基于语词全局聚类的查询扩展

思想：对文档集中全部词语根据词的共现进行聚类，生成不同的簇，向查询中加入包含该查询关键词的类中的某些关键词来对其扩展。

特点：不能处理词的歧义性，该方法可能将词分配到不同的类别中，从而使查询结果更含糊，查询性能可能会下降。

基于相似性叙词表的查询扩展技术

思想：根据词语之间的共现概率建立相似性叙词表，记录全部文档中每一对词的共现概率。

特点：需要计算每一对词的共现概率，使其计算要求较高，查询效率有所下降。

基于潜在语义索引的查询扩展技术

思想：通过使用检索词的共现信息进行奇异值分解（Singular Value Decomposition，SVD），来发现检索词之间的重要关联关系，计算出上下文中相似的词，实现查询扩展。

特点：提高查全率，但查准率有所降低；对同义词解决较好，但对一词多义问题只能部分解决。

基于相关反馈的查询扩展技术

思想：先使用初始查询对文档进行检索，然后根据检索的结果，通过用户的判断得到关于哪些文档是相关的、哪些文档是无关的反馈信息；接着从那些用户认为与查询相关的文档中选择重要的词，在新的查询中增强这些词的权重；对同时出现在与查询不相关文档中的词，降低其权值；对起负面影响的词，还可以从查询中删除。

特点：必须由用户提供相关性的判断，并且 Rocchio 方法中的参数必须通过大量的实验才能在某个文档集中得到最优的参数设定。

③ 基于局部反馈的查询扩展

思想：局部反馈是由相关反馈技术衍生的。首先利用初始查询进行检索而得到中间文档集，并假设这些文档与查询条件是相关的；再对中间文档集中的关键词进行聚类；然后将关键词的聚类加入初始查询条件，从而对其进行扩展。

特点：与全局聚类相比开销小，提高了检索效率。但若中间文档与用户查询相关度低，则该算法会降低检索性能，也就是说，该算法对初始检索结果非常敏感。

4　基于局部上下文分析的查询扩展

思想：从初检出的文档中选出与原查询词共现的概念，计算每一个概念与整个查询的相似度并进行排序，排在前面的概念作为扩展词。

特点：解决了全局分析中计算量大及局部反馈中初值敏感的问题。

5　基于用户查询日志的查询扩展

用户查询日志是众多用户使用检索系统时多次"反馈"结果的积累，对它的分析相当于使用大量用户的相关反馈。

思想：在用户查询记录的基础上建立用户查询空间，在文档集上建立文档空间，根据用户日志将两个空间中的词，按照用户提交某个查询所点击的文章以条件概率方式连接起来。当新查询到来时，系统选取当该查询出现时被选择成为扩展用词的条件概率最大的文档用词加入查询。

特点：分析用户日志需要大量的积累过程。

6　基于社会标签的查询扩展

思想：利用用户收藏的标签，提取标签中的关键词，对标签进行聚类分成若干兴趣类，再度查询时，根据用户查询所属类别的关键字进行扩展。

特点：用户主动收藏的标签可以反映用户兴趣。

⑦ 基于语义概念查询扩展

传统的查询扩展忽略了语义及概念语义之间的关联扩展，不能从根本上表达用户查询意图。这就需要从语义概念层面上对查询进行扩充。

分类：基于大规模语料库和基于语义关系/语义结构的方法进行分类。

基于大规模语料库的方法，主要利用词语的共现性大则相关度也大的规律，计算词语的相关性，实现扩展。

基于语义关系/语义结构的方法，主要利用语义词典等工具，计算词语之间的相似度、相关度，实现扩展。

关键问题：概念语义空间的建立和查询语义的提取。

概念语义空间：主要用来确定语义关系，其形式有分层组织结构、领域本体、语义网、语义词典等。

查询语义提取操作包括：同义扩展操作、细化扩展操作、泛化扩展操作、实例化扩展操作和抽象化扩展操作。

思想：首先建立语义空间，从中提取出与用户查询语义相似或相关的词，实现对用户查询的语义扩展。

现在很多人利用统计共现概率的方法计算查询词的相关词，从而实现查询扩展。在这个过程中，有些还加入反馈技术，调整查询词，使扩展后的查询词更符合用户的需求。

我们可以将基于语义词典的查询扩展与反馈技术融合，在根据语义词典计算相似度和相关度的过程中，加入用户反馈因素。

第一步：在初次查询中，利用传统的词语相似度、相关度计算方法计算出指定数量的扩充词，实现初次扩展。

第二步：利用初次扩展后的查询词，进行初次查询，得到中间结果。

第三步：根据用户反馈信息，进行扩展调整，在语义计算公式中加入反馈因素，重新计算出与原查询相似或相关的词语，进行二次检索。

特点：在检索过程中融入了语义资源，有助于用户意图的理解。

第 4 节 / 网络爬虫

Crawler，即 Spider（网络爬虫），其定义有广义和狭义之分。狭义上指遵循标准的 http 协议，利用超链接和 Web 文档检索方法遍历万维网的软件程序；而广义上是指能遵循 http 协议，检索 Web 文档的软件都称为网络爬虫。

网络爬虫是一个功能很强的自动提取网页的程序，它为搜索引擎从万维网上下载网页，是搜索引擎的重要组成部分。

分类：通用爬虫，抓取互联网上任何基于 http 协议的内容，其工具有 Larbin、Ncrawler Heritrix、Nutch 等；主题爬虫，根据网站自身的属性采用特定的爬取策略，其工具有 HttpClient（Java 和 C♯均已携带封装好的类库）。

1 网络爬虫基本原理

网络爬虫是通过网页的链接地址来寻找网页，从一个或若干初始网页的 URL 开始（通常是某网站首页），遍历 Web 空间，读取网页的内容，不断从一个站点移动到另一个站点，自动建立索引。在抓取网页的过程中，找到在网页中的其他链接地址，对 HTML 文件进行解析，取出其页面中的子链接，并加入网页数据库中，不断从当前页面上抽取新的 URL 放入队列，这样一直循环下去，直到把这个网站所有的网页都抓取完，满足系统的一定停止条件。

另外，所有被网络爬虫抓取的网页将会被系统存储，进行一定的分析、过滤，并建立索引，以便之后的查询和检索。网络爬虫分析某个网页时，利用 HTML 语言的标记结构来获取指向其他网页的 URL 地址，可以完全不依赖用户干预。

如果把整个互联网当成一个网站，理论上讲网络爬虫可以把互联网上所有的网页都抓取下来。而且对于某些主题爬虫来说，这一过程所得到的分析结果还可能对以后抓取过程给出反馈和指导。正是这种行为方式，这些程序才被称为网络爬虫（Spider）、Crawler、机器人。

网络爬虫是搜索引擎中最核心的部分，整个搜索引擎的素材库来源于网络爬虫的采集。从搜索引擎整个产业链来看，网络爬虫处于最上游的产业。其性能直接影响着搜索引擎整体的性能和处理速度。

通用网络爬虫从一个或若干个初始网页上的 URL 开始，获得初始网页上的 URL 列表，在抓取网页过程中，不断从当前页面上抽取新的 URL 放入待爬行队列，直到满足系统的停止条件。网络爬虫流程如图 4-4 所示：

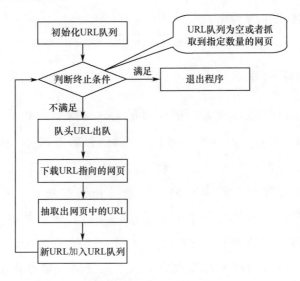

图 4-4 网络爬虫流程

网络爬虫抓取策略包括 IP 地址搜索策略、广度优先搜索策略、深度优先搜索策略、最佳优先搜索策略等。

② IP 地址搜索策略

先赋予网络爬虫一个起始的 IP 地址，然后根据 IP 地址递增的方式搜索本地址段后的每一个 WWW 地址中的文档，它完全不考虑各文档中指向其他 Web 站点的超级链接地址。

其优点是搜索全面，能够发现那些没被其他文档引用的新文档的信息源；其缺点是不适合大规模搜索。

③ 广度优先搜索策略

广度优先搜索策略是指在抓取过程中，在完成当前层次的搜索后，才进行下一层次的搜索。这样逐层搜索，依此类推。

该算法的设计和实现相对简单。目前为覆盖尽可能多的网页，一般使用广度优先搜索策略。

很多研究者通过将广度优先搜索策略应用于主题爬虫中。他们认为与初始 URL 在一定链接距离内的网页具有主题相关性的概率很大。示例如图 4-5 所示。

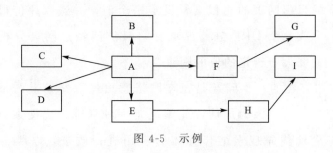

图 4-5　示例

使用广度优先策略抓取的顺序为：A－B、C、D、E、F－G、H－I。

④ 深度优先搜索策略

深度优先搜索是开发网络爬虫早期使用较多的方法之一，目的是达到页结点，即那些不包含任何超链接的页面文件。

从起始页开始在当前 HTML 文件中，当一个超链接被选择后，被链接的 HTML 文件将执行深度优先搜索，一个链接一个链接跟踪下去，处理完这条线路之后再转入下一个起始页，继续跟踪链接。即在搜索其余的超链接结果之前必须先完整地搜索单独的一条链接。

深度优先搜索沿着 HTML 文件上的超链接执行到不能再深入为止，然后返回到某一个 HTML 文件，再继续选择该 HTML 文件中的其他超链接。当不再有其他超链接可选择时，说明搜索已经结束。

该方法的优点是网络爬虫在设计的时候比较容易。图 4-6 使用深度优先策略抓取的顺序为：A－F－G、E－H－I、A－B、C、D。

⑤ 最佳优先搜索策略

最佳优先搜索策略按照一定的网页分析算法，先计算出 URL 描述文本的目标网页的相似度，设定一个值，并选取评价得分超过该值的一个或几个 URL 进行抓取。它只访问经过网页分析算法计算出的相关度大于给定的值的网页。

该方法存在的一个问题是，在网络爬虫抓取路径上的很多相关网页可能被忽略，因为最佳优先策略是一种局部最优搜索算法。因此需要将最佳优先搜索结合具体的应用进行改进，以跳出局部最优点。

第5节 搜索引擎

定义：搜索引擎指自动从互联网收集信息，经过整理以后，提供给用户进行查询的系统。具体讲，就是一种能自动在网上漫游并收集它所能得到信息的能自动生成本地索引的软件。

从搜索原理上讲，大部分搜索引擎基本相似，但检索界面的设置、操作方式、逻辑运算符的使用等仍有许多差异。搜索引擎工作原理如图4-6所示。

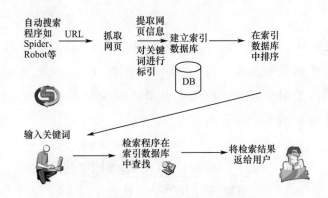

图 4-6 搜索引擎工作原理

① 搜索引擎索引

搜索引擎索引是一种单独的、物理的对搜索引擎数据库表中一列或多列的值进行排序的一种存储结构，它是某个表中一列或若干列值的集合和相应的指向表中物理标记这些值的数据页的逻辑指针清单。索引的作用相当于图书的目录，可以根据目录中的页码快速找到所需的内容。索引产生及使用过程如图4-7所示。

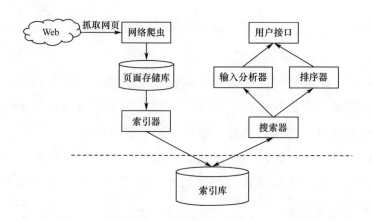

图 4-7 索引产生及使用过程

在搜索引擎中建立索引主要有以下作用：（1）快速取得数据；（2）保证数据记录的唯一性；（3）实现表与表之间的参照完整性；（4）在进行数据检索时，利用索引可以减少排序和分组的时间。索引建立过程如图 4-8 所示。

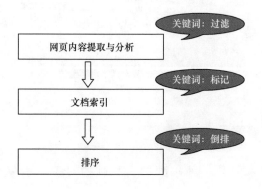

图 4-8 索引建立过程

索引组织结构分为正排索引和倒排索引两种。如图 4-9 所示。正排索引和倒排索引的区别在于网页和词的索引链接关系，如果是网页链接词就是正排索引，如果是词链接网页就是倒排索引。

◆ 正排索引

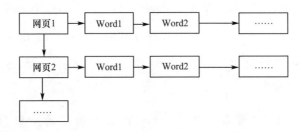

◆ 倒排索引

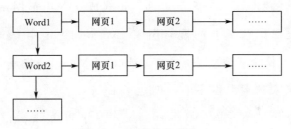

图 4-9 索引组织结构

倒排索引文件结构如图 4-10 所示。

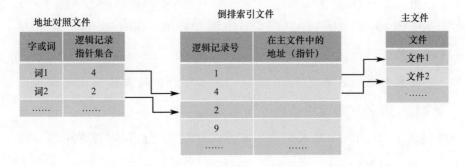

图 4-10 倒排索引文件结构

② 搜索引擎的历史

搜索引擎的鼻祖 Archie：1990 年，由麦吉尔大学学生 Alan Emtage、Peter Deutsch、Bill Wheelan 发明，Archie 实际上是一个可

搜索的 FTP 文件名列表。

现代搜索引擎的起源 Wanderer：1993 年 MIT（麻省理工学院）的学生 Matthew Gray 开发了 World Wide Web Wanderer，它是世界上第一个利用网页之间的链接关系来监测 Web 发展规模的机器人（Robot）程序。

Yahoo：1994 年美籍华人 Jerry Yang（杨致远）和 David Filo 完成了一套搜索软件。最初 Yahoo 的数据是手工输入的，实际上只是一个可搜索的目录。1995 年 1 月，正式成立 Yahoo 网站。

第一个现代意义上的搜索引擎 Lycos：1994 年 Carnegie Mellon University（卡内基梅隆大学）的 Michael Mauldin 将 John Leavitt 的蜘蛛程序接入其索引程序中，创建了 Lycos。

第一个元搜索引擎 Metacrawler：是由 Washington 大学硕士生 Eric Selberg 和 Oren Etzioni 开发的。

第一个支持自然语言搜索的搜索引擎 AltaVista：1995 年 12 月出现，2003 年 AltaVista（远景公司）被 Overture 收购，后者是 Yahoo 的子公司。

搜索引擎的后来之王 Google：1995 年，佩奇来到斯坦福攻读博士学位，开始网络链接结构方面的研究项目 BackRub 之后，他和布林提出了 PageRank 技术，用于对网页评级。之后用于搜索引擎，改写了搜索引擎的定义，建立了 Google。

中文搜索引擎百度：2000 年李彦宏创立了百度（Baidu）。2001 年发布百度测试版。目前百度是最大的中文搜索引擎。百度是拥有强大互联网基础的领先 AI 公司。百度的愿景是：成为最懂用户，并能帮助人们成长的全球顶级高科技公司。"百度"二字，来自南宋词人辛弃疾的一句词：众里寻他千百度。这句词描述了词人对理想的执着追求。1999 年底，身在美国硅谷的李彦宏看到了中国互联网及中文搜索引擎服务的巨大发展潜力，抱着技术改变世界的梦想，他毅然辞掉硅谷的高薪工作，携搜索引擎专利技术，于 2000年 1 月 1 日在中关村创建了百度公司。百度拥有数万名研发工程师，这是一支顶尖的技术团队。这支队伍掌握着世界上最为先进的搜索引擎技术，使百度成为中国掌握世界尖端科学核心技术的中国高科技企业，也使中国成为美国、俄罗斯和韩国之外，全球仅有的 4 个拥有搜索引擎核心技术的国家之一。

360 综合搜索：360 综合搜索属于元搜索引擎，是通过一个统一的用户界面帮助用户在多个搜索引擎中选择和利用合适的（甚至是同时利用若干个）搜索引擎来实现检索操作，是对分布于网络的多种检索工具的全局控制机制。

3 搜索引擎分类

搜索引擎按其工作方式主要可分为三种，分别如下：

（1）全文搜索引擎，从搜索结果来源的角度，全文搜索引擎可细分为两种：

一种是拥有自己的检索程序（Indexer），俗称"蜘蛛"（Spider）程序或"机器人"（Robot）程序，并自建网页数据库，搜索结果直接从自身的数据库中调用，如 Baidu、Google 搜索引擎。

另一种则是租用其他引擎的数据库，并按自定的格式排列搜索结果，如 Lycos 搜索引擎。优点：信息量大；更新及时；不需要人工干预。缺点：返回信息过多；有很多无用信息。

（2）目录搜索引擎：目录索引在严格意义上算不上是真正的搜索引擎，仅仅是按目录分类的网站链接列表而已。用户完全可以不用进行关键词（Keywords）查询，仅靠分类目录也可找到需要的信息。目录索引中最具代表性的是 Yahoo。国内的搜狐、新浪、网易等搜索引擎也属于这一类，以人工方式或半自动方式收集信息。优点：信息准确；导航质量较高。缺点：需要人工介入；维护量大；信息量少；信息更新不及时。

（3）元搜索引擎（集成搜索引擎）：元搜索引擎在接受用户查询请求时，同时在其他多个引擎上进行搜索，并将结果返给用户。著名的元搜索引擎有 InfoSpace、Dogpile、Vivisimo 等。中文元搜索引擎中具代表性的有搜星。元搜索引擎自身不采集信息，没有信息库，同时检索多个独立搜索引擎，以统一格式输出结果。优点：返回信息量大；用时短。缺点：不能充分搜索引擎使用所有搜索引擎的功能：

搜索引擎按其检索内容可分如下两种。

（1）通用检索工具：综合性的信息检索系统，时常会因检出内容太泛而无法一一过目。如 Google、百度、Yahoo。

（2）学术或专业检索工具：是学术或专业信息机构，根据需求将 Internet 上资源进行筛选整理、重新组织而形成学术或专业信息检索系统，针对性较强。如 Google 学术搜索。

4 搜索引擎的应用

每一种搜索引擎其覆盖的范围，标引的深度、广度，提供的检索方式、检索语言均不相同。所以多使用几种搜索引擎，不会造成较大的漏检。

搜索引擎一般提供两种检索模式：（1）普通检索，指单个的词或词组的检索；（2）高级检索，包括检索词的逻辑运算、字段限定、截词符的使用、位置运算符、运算的优先级等。

搜索引擎有自己的搜索说明，阅读这些信息可以帮助用户有效检索。

技巧1：使用一个或多个关键字。

技巧2：使用 OR 运算符。

技巧3：使用""精确匹配。

技巧4：搜索指定类型的文件，可以使用 filetype 指定搜索文件类型，如信息检索与利用 filetype：PPT。

技巧5：搜索指定网站的文件，可以使用 site 指定文件所在网站，如招生信息 site：dlut. edu. cn。

技巧6：把搜索范围限定在网页标题中，可以用 title 把搜索范围限定在网页标题中，如 title：雷神 2。

常用的学术搜索引擎：

Google 学术搜索滤掉了普通搜索结果中大量的垃圾信息，排列出文章的不同版本以及被其他文章引用的次数。略显不足的是，它搜索出来的结果没有按照权威度（譬如影响因子、引用次数）依次排列。

Scirus 是目前互联网上最全面、综合性最强的科技文献搜索引擎之一，由 Elsevier 科学出版社开发。Scirus 可检索免费资源和期刊资源。涵盖超过 1.05 亿个与科技相关的网站，包括 9000 万个网页，以及 1700 万个来自其他信息源的记录等。

BASE 是德国比勒费尔德（Bielefeld）大学图书馆开发的一个多学科的学术搜索引擎，提供对全球异构学术资源的集成检索服务。它整合了德国比勒费尔德大学图书馆的图书馆目录和大约 160 个开放资源（超过 200 万个文档）的数据。

在线期刊搜索引擎（Online Journal Search Engine，OJOSE）是一个强大的免费科学搜索引擎，通过 OJOSE，可查找、下载或购买近 60 个数据库的资源。

第 5 章

基于内容分析的数据挖掘模型

教学目标

通过本章的学习，掌握基于内容分析的数据挖掘模型：布尔模型、向量空间模型、概率模型和排序学习模型等。

第 1 节　布尔模型

1 布尔模型的定义

布尔模型：一种简单的检索模型，它建立在经典的集合论和布尔代数的基础上。遵循两条基本规则：每个索引词在一篇文档中只有两种状态，出现或不出现，对应权值为 0 或 1。查询是由三种布尔逻辑运算符 and、or、not 连接索引词组成的布尔表达式。

② 布尔模型功能解析

首先，将查询转化为一个主析取范式 DNF，

例如：查询为

$$q = k_a \wedge (k_b \vee \neg k_c)$$

进一步表达为

$$q_{dnf} = (1, 1, 1) \vee (1, 1, 0) \vee (1, 0, 0)$$

即：每一个分量都是三元组的二值向量 (k_a, k_b, k_c)。如图 5-1 所示为布尔模型运算。

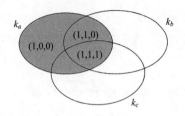

图 5-1 布尔模型运算

③ 布尔模型实例

例题 1：

$q = （桃花 OR 酒） AND 下 AND NOT （醒 OR 眠）$

d_1：桃花坞里桃花庵，桃花庵下桃花仙。

d_2：桃花仙人种桃树，又折花枝当酒钱。

d_3：酒醒只在花前坐，酒醉还须花下眠。

d_4：花前花后日复日，酒醉酒醒年复年。

d_5：不愿鞠躬车马前，但愿老死花酒间。

以上哪些文档会被检索出来？

设 $k_1 =$ 桃花，$k_2 =$ 酒，$k_3 =$ 下，$k_4 =$ 醒，$k_5 =$ 眠

则 $q = (k_1 \vee k_2) \wedge k_3 \wedge \rightarrow (k_4 \vee k_5)$

所以

d_1：包含（1，0，1，0，0）为 q_{dnf} 分量

d_2：包含（1，1，0，0，0）

d_3：包含（0，1，1，1，1）

d_4：包含（0，1，0，1，0）

d_5：包含（0，1，0，0，0）

所以 d_1 会被检索出来。

布尔模型的优点：简单、易理解、简洁；缺点：信息需求的能力表达不足。

4　布尔模型应用

布尔模型广泛应用于逻辑判断和数值分析任务当中，特别是在信息检索领域，是典型的、基础的模型，目前很多通用搜索引擎和学术论文数据库仍然采用布尔模型进行文献检索和信息过滤。

第 2 节　向量空间模型

1　向量空间模型的定义

向量空间模型（Vector Space Model，VSM）由 Salton 等人于 20 世纪 70 年代提出，并成功地应用于著名的 SMART 文本检索系统。它把对文本内容的处理简化为向量空间中的向量运算，并且以空间上的相似度表达语义的相似度，直观易懂。

Salton 提出的 VSM 模型采用了"部分匹配"的检索策略（出现

部分索引词也可以出现在检索结果中）。通过给查询或文档中的索引词分配非二值权值来实现。

2 向量空间模型描述

词典，$\sum = \{k_1, k_2, \cdots, k_t\}$

$$d = <w_1, w_2, \cdots, w_t>$$

此时，变量 w_i 称为权值，非负，表示对应词项 k_i 对于判断 d 和查询 q 相关性的重要程度（注意，这里的 q 是一般的，而 d 是具体的）。

$$q = <v_1, v_2, \cdots, v_t>$$

变量 v_i 的含义类似于 w_i。

两个基本问题：如何定义 w_i 和 v_i；如何计算 $R(d, q)$。

令 w_i 和 v_i 为对应的词分别在 d 和 q 中出现的次数，于是我们有了两个 m 维向量，用夹角的 cos 表示"接近度"，即

$$R(d, q) = \cos(d, q) = d \cdot q / |d| \times |q|$$

认为：$\cos(d_i, q) > \cos(d_j, q)$，则 d_i 比 d_j 与 q 更相关。

通常系统会取前若干个结果返回给用户。

权值 w_{ij} 的选取方法：对文档向量 d_j 的构造，考查局部权值 $tf_{ij} = f_{ij} / \max\{f_{ij}\}$，全局权值 $idf_i = \log(N/n_i)$；索引词权值：$w_{ij} = t_f * idf$。查询向量的构造索引词权值：$w_{ij} = (0.5 + 0.5 * f_{ij} / \max\{f_{ij}\}) * idf$。

3 向量空间模型功能解析

二值表示方法并没有考虑一个词项在文档中出现的次数。

通过扩展这种表示形式，我们将词项在文档中出现的频率作为

向量中各个分量的值。

除了简单地给出查询词列表外，用户通常还会给出权重，该权重表示一个词项比另外一个词项更重要。

思想：不频繁出现的词的权重应该比频繁出现的词的权重更高。

方法：人工赋值——在初始查询中用人工指定词项权重来实现。

自动赋值——通过基于词项在整个文档集中出现的频率。

t——文档集中不同词项的个数。

tf_{ij}——词项 t_j 在文档 D_i 中出现的次数，也就是词频。

df_j——包含词项 t_j 的文档的篇数。

idf_j——$\lg\left(\dfrac{d}{df_j}\right)$，其中 d 表示所有文档的篇数。

这就是逆文档频率。

对于每一篇文档向量，都有 n 个分量。向量中的每个分量为在整个文档集中计算出来的每个词项的权重。

在每篇文档中，词项权重基于词项在整个文档集中出现的频率情况以及词项在某一个特定文档中出现的频率自动赋值。对于每一篇文档向量，都有 n 个分量。

向量中的每个分量为在整个文档集中计算出来的每个词项的权重。在每篇文档中，词项权重基于词项在整个文档集中出现的频率情况以及词项在某一个特定文档中出现的频率自动赋值。

对于文档中词项的权重因素，主要综合考虑词频和逆文档频率。

文档 i 对应的向量中第 j 个词条的值：

$$d_{ij} = tf_{ij} \times idf_j$$

查询 Q 和文档 D_i 的相似度可以简单地定义为两个向量的内积。

$$SC(Q,\ D_i) = \sum_{j=1}^{t} w_{qj} \times d_{ij}$$

4 向量空间模型实例

例题：

Q："阿法狗/李世石"

D_1："AlphaGo/确认/战/李世石"

D_2："AlphaGo/中盘/战/胜/李世石/柯洁/年内将/战/阿法狗"

D_3："阿法狗/战/胜/韩国棋王/后离/柯洁/还有/多远"

D_4："聂卫平/阿法狗/颠覆/认识/柯洁/对/阿法狗/彻底发飙"

在这个文档集中，$d = 4$。

$\lg (d/df_i) = \lg (4/1) = 0.6$

$\lg (d/df_i) = \lg (4/2) = 0.3$

$\lg (d/df_i) = \lg (4/3) = 0.125$

$\lg (d/df_i) = \lg (4/4) = 0$

四篇文档的每个词项的 idf 值如下所示（表 5-1）：

idf AlphaGo = 0.3	idf 确认 = 0.6	idf 战 = 0.125
idf 李世石 = 0.3	idf 中盘 = 0.6	idf 胜 = 0.3
idf 柯洁 = 0.125	idf 年内将 = 0.6	idf 韩国棋王 = 0.6
idf 后离 = 0.6	idf 还有 = 0.6	idf 多远 = 0.6
idf 聂卫平 = 0.6	idf 认识 = 0.6	idf 颠覆 = 0.6
idf 对 = 0.6	idf 阿法狗 = 0.125	idf 彻底发飙 = 0.6

表 5-1 　　　　　　　　　　　文档词项的 idf 值

Docid	AlphaGo	确认	战	李世石	中盘	胜	柯洁	年内将
D_1	0.3	0.6	0.125	0.3	0	0	0	0
D_2	0.3	0	0.25	0.3	0.6	0.3	0.125	0.6
D_3	0	0	0.125	0	0	0.3	0.125	0
D_4	0	0	0	0	0	0	0.125	0
Q	0	0	0	0.3	0	0	0	0

Docid	韩国棋王	后离	聂卫平	颠覆	对	阿法狗	彻底发飙
D_1	0	0	0	0	0	0	0
D_2	0	0	0	0	0	0.125	0
D_3	0.6	0.6	0	0	0	0.125	0
D_4	0	0	0.6	0.6	0.6	0.25	0.6
Q	0	0	0	0	0	0.125	0

Docid	还有	多远	认识
D_1	0	0	0
D_2	0	0	0
D_3	0.6	0.6	0
D_4	0	0	0.6
Q	0	0	0

$SC(Q，D_1) = 0.3 * 0.3 = 0.09$

$SC(Q，D_2) = 0.3 * 0.3 + 0.125 * 0.125 \approx 0.106$

$SC(Q，D_3) = 0.125 * 0.125 \approx 0.0156$

$SC(Q，D_4) = 0.25 * 0.125 \approx 0.0312$

因此排序结果为 D_2，D_1，D_4，D_3。

5 向量空间模型应用

便于相似度计算的向量空间模型可以应用于信息检索以及机器学习的分类任务和聚类任务当中，并且可以结合各种特征构造及文本表示的方法用于大量信息分析和任务处理。

6 表示学习模型概述

表示学习，又称学习表示。在深度学习领域内，表示是指通过模型的参数，采用何种形式、何种方式来表示模型的输入观测样本 X。表示学习指学习对观测样本 X 有效的表示。表示学习有很多种形式，比如 CNN 参数的有监督训练是一种有监督的表示学习形式；对自动编码器和限制玻尔兹曼机参数的无监督预训练是一种无监督的表示学习形式；对 DBN 参数先进行无监督预训练，再进行有监督，是一种半监督的共享表示学习形式。

表示学习得到的低维向量表示是一种分布式表示（Distributed Representation）。之所以如此命名，是因为孤立地看向量中的每一维，都没有明确对应的含义，而综合各维形成一个向量，则能够表示对象的语义信息。这种表示方案并非凭空而来，而是受到人脑的工作机制启发而来。我们知道，现实世界中的实体是离散的，不同对象之间有明显的界限。人脑通过大量神经元上的激活和抑制存储这些对象，形成内隐世界。显而易见，每个单独神经元的激活或抑制并没有明确含义，但是多个神经元的状态则能表示世间万物。受到该工作机制的启发，分布式表示的向量可以看作模拟人脑的多个神经元，每维对应一个神经元，而向量中的值对应神经元的激活或抑制状态。基于神经网络这种对离散世界的连续表示机制，人脑具备了高度的学习能力与智能水平。表示学习正是对人脑这一工作机制的模仿。值得一提的是，现实世界存在层次结构，一个对象往往由更小的对象组成。例如一个房屋作为一个对象，是由门、窗户、墙、天花板和地板等对象有机组合而成的，墙则由更小的砖块和水泥等对象组成，以此类推。这种层次或嵌套的结构反映在人脑中，形成了神经网络的层次结构。例如象征人工神经网络复兴的深度学习技术，其津津乐道的"深度"正是这种层次性的体现。

知识表示学习是面向知识库中实体和关系的表示学习。通过将实体或关系投影到低维向量空间，我们能够实现对实体和关系的语义信息的表示，可以高效地计算实体、关系及其之间的复杂语义关联。这对知识库的构建、推理与应用均有重要意义。知识表示学习得到的分布式表示有以下典型应用：

（1）相似度计算。利用实体的分布式表示，我们可以快速计算实体间的语义相似度，这对于自然语言处理和信息检索的很多任务具有重要意义。

（2）知识图谱补全。构建大规模知识图谱，需要不断补充实体间的关系。利用知识表示学习模型，可以预测两个实体的关系，这一般称为知识库的链接预测，又称为知识图谱补全。

（3）其他应用。知识表示学习已被广泛用于关系抽取、自动问答、实体链接等任务，展现出巨大的应用潜力。随着深度学习在自然语言处理各项重要任务中得到广泛应用，这将为知识表示学习带来更广阔的应用空间。

第 3 节　概率模型

1　概率模型的定义

概率模型，亦称为二值独立检索模型，在概率的框架下解决 IR 的问题。给定一个用户的查询串，相对于该串存在一个包含所有相关文档的集合，我们把这样的集合看作一个理想的结果文档集，在给出理想结果集后，我们能很容易得到结果文档。

② 概率模型的功能解析

给定一个用户查询，存在一个文档集合，该集合只包括与查询完全相关的文档而不包括其他不相关的文档，称该集合为理想结果集合。如何描述这个理想结果集合？即，该理想结果集合具有什么样的属性。基于相关反馈的原理，需要进行一个逐步求精的过程：将信息获取看成是一个过程，用户提交一个查询，系统提供给用户它所认为的相关结果列表；用户考察这个集合后给出一些辅助信息，系统再进一步根据这个辅助信息（加上以前的信息）得到一个新的相关结果列表；如此继续。如果每次结果列表中的元素总是按照和查询相关的概率递减排序的话，则系统的整体效果会更好。其中概率的计算应该基于当时所能得到的所有信息。

贝叶斯定理：$P(A \mid B) = \dfrac{P(B \mid A) \cdot P(A)}{P(B)}$

词条的独立假设：$P(AB) = P(A)P(B)$，当且仅当 A 与 B 相互独立，由此对一篇文档而言，若文档中的各个索引词相互独立，则有

$$P(d_j) = P(k_1) \cdots P(k_t)$$

定义：设索引词的权重为二元的，即：

$$w_{ij} \in \{0, 1\}, \ w_{iq} \in (0, 1)$$

文档 d_j 与查询 q 的相似度 $\mathrm{sim}(d_j, q)$ 可以定义为（R 表示已知的相关文档集或最初的猜测集）：

$$\mathrm{sim}(d_j, q) = \frac{P(R \mid d_j)}{P(\overline{R} \mid d_j)}$$

根据贝叶斯定理有

$$\mathrm{sim}(d_j, q) = \frac{P(d_j \mid R) \times P(R)}{P(d_j \mid \overline{R}) \times P(R)}$$

③ **概率模型的实例**

假设标引词独立，则

$$\text{sim}(d_j,\ q) = \frac{(\prod_{g_i(d_j)=1} P(k_i\mid R)) \times (\prod_{g_i(d_j)=0} P(\bar{k}_i\mid R))}{(\prod_{g_i(d_j)=1} P(k_i\mid \bar{R})) \times (\prod_{g_i(d_j)=0} P(\bar{k}_i\mid R))}$$

这是概率模型中排序计算的主要表达式。

该方法的缺点：不考虑索引词在文档中出现的频率，所有权值都是二元的索引词之间相互独立的假设。

④ **概率模型的应用**

概率模型的优点在于文档可以按照它们相关概率递减的顺序来计算秩（rank）。它的缺点在于开始时需要猜想把文档分为相关和不相关的两个集合，实际上这种模型没有考虑索引术语在文档中的频率（因为所有的权重都是二元的），而索引术语都是相互独立的。概率模型广泛地应用于权重词计算的相关任务，如信息检索和查询扩展任务等。

第4节 / 排序学习模型

排序学习是一个信息检索与机器学习相结合的研究领域。它的目标是设计和应用机器学习算法从训练数据中得到排序模型，对于给定查询的文档集合按照相关性进行排序。排序学习研究的核心问题是如何构造一个函数或模型反映文档对于查询的相关度。

排序学习的理解：机器学习为方法（Learning methods）；信息检索为特征（Ranking features）。

1 排序学习的框架

如图 5-2 所示排序学习框架在信息检索中所定义的任务内容如下：给定文档的训练集合 D，其中每个文档表示为 $<q，d，r>$ 的三元组的形式，q 为查询；d 为文档特征集合 $\{f_1，f_2，\cdots，f_n\}$，这里的文档特征是查询和文档的复合特征，一般为普通的检索方法、语言模型检索方法等；r 为文档与查询的相关性判断条件，取值一般为 $\{0，1\}$，0 代表不相关，1 代表相关。测试集合用 T 表示，也以三元组 $<q，d，w>$ 形式表示，只有查询和文档特征集合两个元素，而文档的相关性未知。排序模型就是由文档训练集合三元组训练得到，用于预测测试集文档相关性分数，进而计算文档相关性排名。排序学习公开数据集除雅虎在 2010 所举办的竞赛中所发布的雅虎排序学习数据集合之外，其中影响力最大的公开数据集就是微软亚洲研究院所发布的数据集了，特别是 Letor 2.0 和 Letor 3.0 数据集为许多研究工作的基础。在 Letor 3.0 数据集中一共有两个语料集，分别是 OHSUMED 语料集和 Gov 语料集。

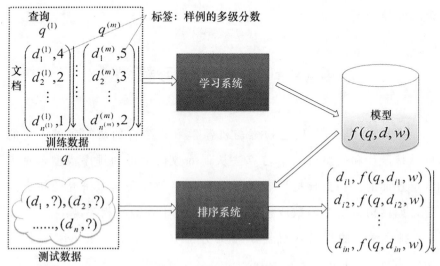

图 5-2　排序学习框架

2 排序学习的特征

排序学习的特征主要包括信息检索基本排序方法，例如：

BM25，TF-IDF，PageRank，…

排序学习的训练文档一般表示为：

0 qid：2　1：0.003 2：0.004 …

排序学习的本质就是通过对训练集合和相关性判断条件的学习，赋予不同排序方法（排序特征）以特定的权重，对其进行融合。表5-2 为 Gov 语料集特征。

表 5-2　　　　　　　　　　Gov 语料集特征

ID	特征描述
1	Term frequency（TF）offield
2	Inverse document frequency（IDF）offield
3	TF * IDF offield
4	Document length（DL）offield
5	BM25 offield
6	LMIR. ABS offield
7	LMIR. DIR offield
8	LMIR. JM offield
9	Sitemap based term propagation
10	Sitemap based score propagation
11	Hyperlink base score propagation：weighted in-link
12	Hyperlink base score propagation：weighted out-link
13	Hyperlink base score propagation：uniform out-link
14	Hyperlink base feature propagation：weighted in-link
15	Hyperlink base feature propagation：weighted out-link

（续表）

ID	特征描述
16	Hyperlink base feature propagation：uniform out-link
17	HITS authority
18	HITS hub
19	PageRank
20	HostRank
21	Topical PageRank
22	Topical HITS authority
23	Topical HITS hub
24	Inlink number
25	Outlink number
26	Number of slash in URL
27	Length of URL
28	Number of child page
29	BM25 of extracted title
30	LMIR. ABS of extracted title
31	LMIR. DIR of extracted title
32	LMIR. JM of extracted title

③ **排序学习的主要方法**

Point wise：一般的分类方法；Pair wise：RankBoost，RankSVM，RankNet，…；List wise：AdaRank，ListNet，LambdaRank，…。

这三类方法主要是针对机器学习模型的训练样本的不同而划分的，Point wise 的输入样本是单个的文档；Pair wise 的输入样本是相关性不同的文档对；List wise 的输入样本则可以看成是与查询相关的整个文档集。

Point wise方法：将训练集中的每个文档看作一个样本获取的Rank函数（损失函数），主要解决办法是将排序问题直接看作分类或者回归问题，直接应用该类机器学习方法训练排序学习模型。Point wise损失函数是基于单个文档样本定义的：

$$L\ (f;\ x,\ y)\ =\frac{1}{2}\ (f\ (x)\ -y)^2$$

这样就应用回归模型定义了排序学习损失函数，对其应用梯度下降等优化方法就可以迭代地求解出排序函数 f，应用这个排序函数就可以对文档集合按照相关性进行排序。从上述可以看出，分类或者回归方法可以直接应用，在排序学习方法排序函数的求解过程当中，对于回归模型来说，其求解过程与回归函数的求解过程基本相同，而对于分类模型来说，我们只需选取其分数函数，不需要选取相应的阈值就可以直接作为排序函数。可以看出在 Point wise 方法这一层次上，排序学习方法与普通的分类回归方法并无本质不同。

Pair wise方法：将排序问题看作两个文档对偏序关系的判别问题。将训练集中对于同一个查询有着不同的相关标注的两个文档看作是一个样本，基于文档对的方法的一个主要解决思路就是依靠训练集中的不同相关度的文档对把 Rank 问题转化为二值分类问题。损失函数的定义有两种：

偏序正确的文档对个数：RankBoost；

偏序对看成一个样本进行学习：RankSVM，RankNet。

RankNet 的损失函数：$\overline{p}_{ij}$（1 _ means _ $i>j$；0 _ means _ $i<j$）。

目标值：$o_{ij}=f\ (x_i)\ -f\ (x_j)$

偏序模型：$P_{ij} = P(x_i > x_j) = \dfrac{\exp(o_{ij})}{1 + \exp(o_{ij})}$

损失函数为：$C_{ij} = C(o_{ij}) = -\overline{P}_{ij} \log P_{ij} - (1 - \overline{P}_{ij}) \log(1 - P_{ij})$

List wise 方法：直接优化文档集列表，是将整个文档序列看作一个样本，主要是通过直接优化信息检索的评价方法和定义损失函数两种方法来获取损失函数。实际上这类方法一般是指将与一个查询相关的所有文档作为训练样本进行研究。两种主要方法如下：

直接优化信息检索评价方法：SVMMAP、MAP、AdaRank、NDCG。

定义 List wise 损失函数方法：ListNet、ListMLE。

4 基于 Luce 模型的排序学习实例及习题

ListMLE 是一种直接定义文档列表损失函数的排序学习方法。基于 Luce 模型的描述文档序列如下：

$$P_s(\pi) = \prod_{j=1}^{n} \frac{\Phi(s_{\pi(j)})}{\sum_{k=j}^{n} \Phi(s_{\pi(k)})}$$

假设一个实例中有三个对象 $\{1, 2, 3\}$，分数集合为 $s = \{s_1, s_2, s_3\}$。有两种排序方式 $\pi_1 = <1, 2, 3>$ 和 $\pi_2 = <3, 2, 1>$，则可以根据上式进行计算：

$$P_s(\pi_1) = \frac{\Phi(s_1)}{\Phi(s_1) + \Phi(s_2) + \Phi(s_3)} \cdot \frac{\Phi(s_2)}{\Phi(s_2) + \Phi(s_3)} \cdot \frac{\Phi(s_3)}{\Phi(s_3)}$$

$$P_s(\pi_2) = \frac{\Phi(s_3)}{\Phi(s_3) + \Phi(s_2) + \Phi(s_1)} \cdot \frac{\Phi(s_2)}{\Phi(s_2) + \Phi(s_1)} \cdot \frac{\Phi(s_1)}{\Phi(s_1)}$$

若 π 为最优排序方式，则 $P_s(\pi)$ 结果值越大，排序结果越接近实际的排序情况。

例题：若文档相关性标注及三次预测分数如表 5-3 所示，请指出哪一次预测的分数更为合理？其中 Φ 为指数函数，f_n 为相关性打分函数。

表 5-3

Doc No.	1	2	3	4
exp(label)	0.3	0.2	0.1	0.1
exp($f_1(x)$)	0.2	0.2	0.1	0.2
exp($f_2(x)$)	0.3	0.1	0.1	0.1
exp($f_3(x)$)	0.3	0.1	0.1	0.2

$$P_s(\pi) = \prod_{j=1}^{n} \frac{\Phi(s_{\pi(j)})}{\sum_{k=j}^{n} \Phi(s_{\pi(k)})}$$

$$P_s(\pi) = \frac{\Phi(s_1)}{\Phi(s_1)+\Phi(s_2)+\Phi(s_3)+\Phi(s_4)} \cdot \frac{\Phi(s_2)}{\Phi(s_2)+\Phi(s_3)+\Phi(s_4)} \cdot$$

$$\frac{\Phi(s_3)}{\Phi(s_3)+\Phi(s_4)} \cdot \frac{\Phi(s_4)}{\Phi(s_4)}$$

$$P_s(\text{label}) = \frac{0.3}{0.3+0.2+0.1+0.1} \cdot \frac{0.2}{0.2+0.1+0.1} \cdot \frac{0.1}{0.1+0.1} \cdot \frac{0.1}{0.1}$$

$$\approx 0.107$$

$$P_s(\pi_1) = \frac{0.2}{0.2+0.2+0.1+0.2} \cdot \frac{0.2}{0.2+0.1+0.2} \cdot \frac{0.1}{0.1+0.2} \cdot \frac{0.2}{0.2}$$

$$\approx 0.038$$

$$P_s(\pi_2) = \frac{0.3}{0.3+0.1+0.1+0.1} \cdot \frac{0.1}{0.1+0.1+0.1} \cdot \frac{0.1}{0.1+0.1} \cdot \frac{0.1}{0.1}$$

$$\approx 0.083$$

$$P_s(\pi_3) = \frac{0.3}{0.3+0.1+0.1+0.2} \cdot \frac{0.1}{0.1+0.1+0.2} \cdot \frac{0.1}{0.1+0.2} \cdot \frac{0.2}{0.2}$$

$$\approx 0.036$$

所以第二次打分比较合理。

ListMLE 是一种基于 Luce 模型的排序学习算法。ListMLE 有着许多优秀性质和可扩展性，有不少研究就是以 ListMLE 为基础对该算法进行改进的，并取得不错的效果。方法损失函数的定义是基于似然损失函数：

$$L(f(x),\ y) = -\log P(y\mid x;\ f)$$

$$where,\ P(y\mid x;\ f) = \prod_{i=1}^{n} \frac{\exp(f(x_{y(i)}))}{\sum_{k=i}^{n}\exp(f(x_{y(k)}))}$$

ListMLE 算法就是一种基于似然损失函数的 List wise 排序学习方法。在训练数据集上，最大化训练查询的似然损失函数的和。ListMLE 选择梯度下降算法作为构造最小化损失函数算法。我们采用线性神经网络作为排序模型。ListMLE 算法流程如图 5-3 所示。

```
ListMLE:
Input: training data {(x⁽¹⁾, y⁽¹⁾), (x⁽²⁾, y⁽²⁾), ..., (x⁽ᵐ⁾, y⁽ᵐ⁾)}
Parameter: learning rate  η , tolerance rate  ε ，Initialize parameter  ω .
Repeat
    for i = 1 to m do
        Input ( x⁽ⁱ⁾, y⁽ⁱ⁾)to Neural Network and compute gradient  △ω  with current  ω

        Update   ω = ω − η × △ω

    end for
    calculate likelihood loss on the training set
until change of likelihood loss is below ε
Output Neural Network model  ω
```

图 5-3 ListMLE 算法流程

⑤ 排序学习方法的应用

排序学习是一种基于监督学习的排序方法，由于其良好的效果，已经被很多领域所认可和采纳，例如在实际网络搜索中，谷歌、Bing、百度等搜索引擎对召回结果的排序。同样地，在研究领域，排序学习也受到了广泛的关注，例如 ICML、NIPS 等信息检索、机器学习的国际会议上有超过 100 篇的相关文章，而在信息检索顶级会议 SIGIR 上，每年都至少有两场会议是有关排序学习的。排序学习的任务是对一组文档进行排序，其希望能够通过使用人工标注的数据来进行算法设计，挖掘隐藏在数据中的规律，从而完成对任意查询需求给出反映，相关性的文档排序可以广泛地应用于信息推荐、科技评价等任务当中。

第 6 章

基于网络分析的数据挖掘模型

教学目标

　　通过本章的学习，掌握基于网络分析的数据挖掘模型：社会关系网相关概念、PageRank 算法和 HITS 算法等。通过该部分的学习，培养学生的网络计算思维和大数据思维，在处理相关学习和研究时，能够主动考虑使用相关算法解决问题，提高学习效率，以中心性和权威性为教学内容，从"非"的角度引导学生建立正确的社交关系，培养学生数据价值观和责任感。

第 1 节 社会关系网分析

　　社会关系网（Social Network）是社会实体（组织中的个人，称作参与者）及其交互和关系的研究。社会实体的交互和关系可以表示成一个网络或图，每个顶点（或结点）表示一个参与者，每条边表示一种关系。

从网络中我们可以研究网络结构的性质和每个社会参与者的角色、地位和声望。我们还可以寻找不同类型的子图，即由参与者群体构成的社区。

1 Web 中的社会关系网

社会关系网分析对于 Web 是很有用的，因为 Web 本质上就是一个虚拟社会关系网，其中每个网页是一个社会参与者，每个超链接是一种关系，社会关系网的很多结论都可以调整或扩展到 Web 范畴中使用，我们研究两种社会关系网，分析中心性和权威，它们与超链接分析和 Web 搜索紧密相关。

2 中心性

重要的或突出的参与者是链接或涉及大量其他参与者的参与者。在组织中具有大量联系人或与很多其他人通信的人比较重要。

链接也称作连接。中心参与者是牵涉大量连接中的参与者。中心性度量：

度中心性：中心参与者是拥有与其他参与者的链接最多的参与者。

接近中心性：中心参与者是与其他参与者距离最短的参与者。

中介中心性：中介性用来度量参与者对于其他结点对的控制能力。如果参与者处在非常多结点的交互路径上，那么它就是一个重要的参与者。

3 权　威

权威相比中心性而言，是对参与者重要性的一个更加精确的度量。区分：发出的联系（链出链接）和接受的联系（链入链接）。一个权威的参与者是被大量链接指向的参与者。为了计算权威，仅使用链入链接。

中心性与权威的不同点：中心性主要考虑链出链接；权威主要考虑链入链接。

权威度量：

度权威：参与者具有越多链入链接，就越有权威。

邻近权威：如果能够到达参与者 i 的参与者与 i 的平均距离越短，i 就越有权威。

等级权威是包含 PageRank 和 HITS 在内的大多数网页链接分析算法的基础。

4 等级权威

度权威和邻近权威中，一个重要的因素被忽略了，即某些拥有投票权的参与者的突出性。

在现实世界中，一个被某一重要人物选中的人 i 比另一个被相对不重要的人选中的人更加有权威。比如，一个公司的 CEO 投给某人的一票肯定比一个普通工人投的一票更重要。

如果一个参与者的影响范围内充满了其他有权威的参与者，那么他自己的权威显然也应该很高。因此，一个参与者的权威受其牵涉的参与者的等级所影响。

根据这个直观认识，等级权威 $P_R(i)$ 定义为指向 i 的链接的权威的线性组合：

$$P_R(i) = A_{1i}P_R(1) + A_{2i}P_R(2) + \cdots + A_{ni}P_R(n)$$

写成矩阵的形式为：

$$\boldsymbol{P} = \boldsymbol{A}^\mathrm{T}\boldsymbol{P}$$

第2节 / 同引分析和引文耦合

有关链接的另一个研究领域是学术出版物的引用分析。

一篇学术著作通常会引用相关的前人工作以给出该著作中涉及的某些思想的出处，或者将新的想法与既有工作进行对比。

当一篇论文引用另一篇论文时，这两篇论文之间就有了某种关系。引用分析利用它们之间的这种关系（链接）来进行各种各样的分析。

我们讨论两种引用分析：同引分析和引文耦合。HITS算法就与这两种分析有关。

如果论文 i 和论文 j 都被论文 k 引用，那么它们在某种意义上相互关联。它们被更多的相同论文引用，说明它们之间的关联更强。

同引分析：被相同论文引用的分析，如图 6-1 所示。

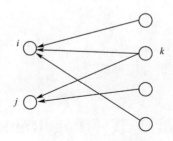

图 6-1 同引分析

设 L 为引用矩阵，其每个单元格定义如下：

如果论文 i 引用论文 j，则 $L_{ij} = 1$，否则 $L_{ij} = 0$。

同引分析（记作 C_{ij}）是一个相似性度量，定义为同时引用论文 i 和论文 j 的论文数目。

$$C_{ij} = \sum_{k=1}^{n} L_{ki} L_{kj}$$

由于 n 是论文的总数，C_{ii} 是引用论文 i 的论文数目。由 C_{ij} 形成

的方阵 C 称作同引分析矩阵。

引文耦合：将引用同一篇论文的两篇论文联系起来。

如果论文 i 和论文 j 都引用论文 k，那么它们之间可能有某种关联。它们共同引用的论文越多，说明它们之间的关联越强。

引文耦合如图 6-2 所示。

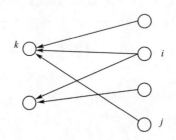

图 6-2　引文耦合

引文耦合（记作 B_{ij}）是一个相似性度量，定义为同时被论文 i 和论文 j 引用的论文数目。

$$B_{ij} = \sum_{k=1}^{n} L_{ik} L_{jk}$$

由于 n 是论文的总数，B_{ii} 是被论文 i 引用的论文数目。由 B_{ij} 形成的方阵 B 称作引文耦合矩阵。

第 3 节　PageRank

1　PageRank 的概念

PageRank 利用 Web 的庞大链接结构作为单个网页价值或质量的参考。PageRank 将网页 x 指向网页 y 的链接当作是一种投票行为，由网页 x 投给网页 y。然而，PageRank 并不仅仅考虑网页的投票数，还分析网页的重要性。那些重要网页投出的选票使得接收这些选票的网页更加重要。这恰好是社会关系网中所提到的等级权威的思想。

从一个网页指向另一个网页的超链接是对目标网页权威的隐含认可。网页 i 的链入链接越多，它的权威越高，指向网页 i 的网页本身也有权威。一个拥有高权威值的网页指向 i 比一个拥有低权威值的网页指向 i 更加重要。也就是说，如果一个网页被其他重要网页所指向，那么该网页也很重要。

根据等级权威，网页 i 的重要性（i 的 PageRank 值）由所有指向 i 的网页的 PageRank 值之和决定。由于一个网页可能指向许多其他网页，所以它的 PageRank 值被所有它指向的网页共享。将整个 Web 看作一个有向图 $G = (V, E)$，设网页总数为 n，则网页 i 的 PageRank 值（以 $P(i)$ 表示）定义为：

$$P(i) = \sum_{(j, i) \in E} \frac{P(j)}{O_j}$$

其中 O_j 是网页 j 的链出链接数目。

② PageRank 的功能解析

矩阵表示：我们得到一个含有 n 个线性等式和 n 个未知数的系统，可以使用一个矩阵来表示。设 P 为一个 PageRank 值的 n 维列向量，即 $P = (P(1) \quad P(2) \quad \cdots \quad P(n))^{\mathrm{T}}$。

设 A 表示图的邻接矩阵，有

$$A_{ij} = \begin{cases} \dfrac{1}{O_i} & if \ (i, j) \in E \\ 0 & \text{otherwise} \end{cases}$$

我们可以使用 PageRank 值写出一个有 n 个等式的系统：

$$P = A^{\mathrm{T}} P$$

随机浏览：我们使用 O_i 表示结点 i 的链出链接数目，如果假定 Web 浏览者点击网页 i 的所有超链接的随机概率是相等的，那么每个转移概率都是 $1/O_i$。浏览者既不点击浏览器的后退键，也不直接在地址栏输入 URL。

转移概率矩阵，用 A 表示状态的转移概率矩阵：

$$A = \begin{pmatrix} A_{11} & A_{12} & \cdots & A_{1n} \\ A_{21} & A_{22} & \cdots & A_{2n} \\ \vdots & \vdots & & \vdots \\ A_{n1} & A_{n2} & \cdots & A_{nn} \end{pmatrix}$$

A_{ij} 表示从状态 i（页面 i）转移到状态 j（页面 j）的转移概率。

在 PageRank 计算中，将那些没有链出链接的页面去掉，因为它们不会直接影响其他页面的评级。

为每个没有链出链接的页面 i 增加一个指向所有其他网页的外链集。

扩大转移矩阵后，在任何一个网页上，一个随机的浏览者将有两种选择：他会随机选择一个链出链接继续浏览的概率是 d；他不通过点击链接，而是跳到另一个随机网页的概率是 $1-d$。改进的模型：

$$P = \left((1-d)\,\frac{E}{n} + \mathrm{d}A^{\top} \right) P$$

其中 E 是 $\mathrm{ee}^{\top}$（e 是全 1 的列向量），于是 E 是一个全为 1 的 $n \times n$ 方阵。

③ PageRank 算法实例

PageRank 算法关键点例子，如图 6-3 所示为网页链接图 1。

图 6-3　网页链接图 1

转移矩阵如下:

$$A = \begin{pmatrix} 0 & \dfrac{1}{2} & \dfrac{1}{2} \\ 0 & 0 & 1 \\ 0 & 0 & 0 \end{pmatrix}$$

因为结点 3 是悬垂结点,如图 6-4 所示进行行改进,得到新的转移矩阵。

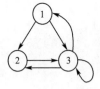

图 6-4 网页链接图 2

转移矩阵如下:

$$A = \begin{pmatrix} 0 & \dfrac{1}{2} & \dfrac{1}{2} \\ 0 & 0 & 1 \\ \dfrac{1}{3} & \dfrac{1}{3} & \dfrac{1}{3} \end{pmatrix}$$

变换时引入人工设定的参数 d,原来链接(实线)的总权重占 d,变换添加的链接(虚线)的总权重占 $1-d$。针对结点 1 的变换如图 6-5(a)所示。

$$A_{11} = 0d + \frac{1}{3}(1-d) = \frac{1}{3} - \frac{1}{3}d$$

$$A_{12} = \frac{1}{2}d + \frac{1}{3}(1-d) = \frac{1}{3} + \frac{1}{6}d$$

$$A_{13} = \frac{1}{2}d + \frac{1}{3}(1-d) = \frac{1}{3} + \frac{1}{6}d$$

所有结点如图 6-5(b)所示,最终的转移矩阵如下:

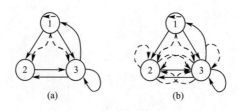

图 6-5　网页链接图 3

$$A = \begin{pmatrix} \dfrac{1}{3} - \dfrac{1}{3}d & \dfrac{1}{3} + \dfrac{1}{6}d & \dfrac{1}{3} + \dfrac{1}{6}d \\[2mm] \dfrac{1}{3} - \dfrac{1}{3}d & \dfrac{1}{3} - \dfrac{1}{3}d & \dfrac{1}{3} + \dfrac{2}{3}d \\[2mm] \dfrac{1}{3} & \dfrac{1}{3} & \dfrac{1}{3} \end{pmatrix}$$

若 $d = 0.9$，则：

$$A = \begin{pmatrix} 0.03 & 0.48 & 0.48 \\ 0.03 & 0.03 & 0.93 \\ 0.33 & 0.33 & 0.33 \end{pmatrix}$$

则 A^{T} 为：

$$A^{\mathrm{T}} = \begin{pmatrix} 0.03 & 0.03 & 0.33 \\ 0.48 & 0.03 & 0.33 \\ 0.48 & 0.93 & 0.33 \end{pmatrix}$$

第一步迭代的结果为：

$P(1) = 0.03 \times 1 + 0.03 \times 1 + 0.33 \times 1 = 0.39$

$P(2) = 0.48 \times 1 + 0.03 \times 1 + 0.33 \times 1 = 0.84$

$P(3) = 0.48 \times 1 + 0.93 \times 1 + 0.33 \times 1 = 1.74$

第二步迭代的结果为：

$P(1) = 0.03 \times 0.39 + 0.03 \times 0.84 + 0.33 \times 1.74 = 0.61$

$P(2) = 0.48 \times 0.39 + 0.03 \times 0.84 + 0.33 \times 1.74 = 0.79$

$P(3) = 0.48 \times 0.39 + 0.93 \times 0.84 + 0.33 \times 1.74 = 1.54$

第 N 步迭代的结果为：

……

4 PageRank 的优点与应用

防止作弊。一个网页之所以重要是因为指向它的网页重要。

一个网页的拥有者很难将指向自己的链入链接强行添加到别人的重要网页中，因此要影响 PageRank 的值并不容易。

PageRank 是一个全局度量并且是独立于查询的。

所有网页的 PageRank 值都是离线计算并被保存下来的，而不是在用户查询时才计算的。

第 4 节　HITS

1 HITS 的概念

HITS 是 Hypertext Induced Topic Search（超链接诱导主题搜索）的简写。与 PageRank 采用的静态分级算法不同，HITS 是与查询相关的。当用户提交一个查询请求后，HITS 首先展开一个由搜索引擎返回的相关网页列表，然后给出两个扩展网页集合的评级，分别是权威等级（Authority Ranking）和中心等级（Hub Ranking）。

权威（authority）：一个权威的网页拥有众多的链入链接。基本思想是该网页可能含有某些优秀的或者权威的信息，所以得到很多人的信赖并且链接到它。

中心（hub）：一个中心的网页拥有很多链出链接。该网页作为关于某个特定话题信息的组织者，指向许多包含该话题权威信息的相关网页。

② HITS 的功能解析

HITS 的关键思想：一个好的中心页必然会指向很多好的权威页，并且一个好的权威页必然会被很多好的中心页所指向。权威页和中心页有一种互相促进的关系。如图 6-6 所示，显示了一个稠密连接的中心页和权威页的集合（一个二分子图）。

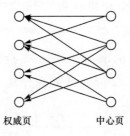

权威页　　　　　中心页

图 6-6　权威页和中心页的集合

HITS算法：给定一个搜索查询 q，HITS 将根据如下过程收集页面集合：它将查询 q 送至搜索引擎。该搜索引擎可以使用内容相似度对网页排序，也可以使用 PageRank 等度量值对网页排序，然后收集 t（在原 HITS 论文中 $t=200$）个排名靠前的网页，这些网页的集合 W 称作根集。然后它通过将指向 W 内部的网页或者 W 内部网页指向的外部网页加入 W 的方式扩充 W，得到更大的网页集合 S，称作基集。

链接图 G：HITS 对 S 内部的每个网页进行处理，赋予每个网页一个权威分值（Authority Score）和一个中心分值（Hub Score）。设 S 中页面的个数为 n。我们再次使用 $G=(V，E)$ 表示 S 的链接图（有向的），用 L 表示图的邻接矩阵。

$$L_{ij}=\begin{cases}1 & if\ (i，j)\in E \\ 0 & \text{otherwise}\end{cases} \qquad (1)$$

HITS 算法：

设网页 i 的权威分值为 $a(i)$，中心分值为 $h(i)$。两种分值的相互增益关系可以表示为：

$$a(i) = \sum_{(j,\,i) \in E} h(j)$$

$$h(i) = \sum_{(i,\,j) \in E} a(j)$$

HITS 的矩阵形式：

我们用 a 表示所有权威分值的列向量 $a = (a(1)\quad a(2)$ $\cdots\quad a(n))^{\mathrm{T}}$，并且用 h 表示所有中心分值的列向量 $h = (h(1)$ $h(2)\quad \cdots\quad h(n))^{\mathrm{T}}$，则有，

$$a = L^{\mathrm{T}} h$$

$$h = La$$

HITS 的计算：计算权威分值和中心分值的方法基本上与计算分值所采用的幂迭代方法相同。

如果我们使用 a_k 和 h_k 表示第 k 次迭代中的权威分值和中心分值，那么得到最终解的迭代公式如下：

$$a_k = L^{\mathrm{T}} La_{k-1}$$

$$h_k = LL^{\mathrm{T}} h_{k-1}$$

$$a_0 = h_0 = (1\quad 1\quad \cdots\quad 1)$$

$L^{\mathrm{T}} L$ 称作 HITS 的权威矩阵，LL^{T} 称作 HITS 的中心矩阵，它们不一定是不可约的非周期的随机矩阵。

3 HITS 算法实例

HITS 算法关键点例子：网络图结点的连接方式如图 6-7 所示。给出该图的邻接矩阵，以此为基础求取权威矩阵和中心矩阵，并给出求取过程，并以此为基础计算网络中各个结点的迭代终止后的权威性分值及中心性分值。$a_0 = h_0 = (1\quad 1\quad 1)^{\mathrm{T}}$。

图 6-7　网络图结点的连接方式

邻接矩阵是

$$L = \begin{pmatrix} 0 & 1 & 0 \\ 0 & 0 & 1 \\ 1 & 0 & 0 \end{pmatrix}$$

则：

$$L^{\mathrm{T}} = \begin{pmatrix} 0 & 0 & 1 \\ 1 & 0 & 0 \\ 0 & 1 & 0 \end{pmatrix}$$

权威矩阵：

$$L^{\mathrm{T}}L = \begin{pmatrix} 0 & 0 & 1 \\ 1 & 0 & 0 \\ 0 & 1 & 0 \end{pmatrix} \times \begin{pmatrix} 0 & 1 & 0 \\ 0 & 0 & 1 \\ 1 & 0 & 0 \end{pmatrix} = \begin{pmatrix} 1 & 0 & 0 \\ 0 & 1 & 0 \\ 0 & 0 & 1 \end{pmatrix}$$

中心矩阵：

$$LL^{\mathrm{T}} = \begin{pmatrix} 0 & 1 & 0 \\ 0 & 0 & 1 \\ 1 & 0 & 0 \end{pmatrix} \times \begin{pmatrix} 0 & 0 & 1 \\ 1 & 0 & 0 \\ 0 & 1 & 0 \end{pmatrix} = \begin{pmatrix} 1 & 0 & 0 \\ 0 & 1 & 0 \\ 0 & 0 & 1 \end{pmatrix}$$

$$a_1 = L^{\mathrm{T}}La_0 = \begin{pmatrix} 1 & 0 & 0 \\ 0 & 1 & 0 \\ 0 & 0 & 1 \end{pmatrix} \times \begin{pmatrix} 1 \\ 1 \\ 1 \end{pmatrix} = \begin{pmatrix} 1 \\ 1 \\ 1 \end{pmatrix}$$

$$h_1 = LL^{\mathrm{T}}h_0 = \begin{pmatrix} 1 & 0 & 0 \\ 0 & 1 & 0 \\ 0 & 0 & 1 \end{pmatrix} \times \begin{pmatrix} 1 \\ 1 \\ 1 \end{pmatrix} = \begin{pmatrix} 1 \\ 1 \\ 1 \end{pmatrix}$$

$$\boldsymbol{a}_k = (1 \quad 1 \quad 1)^{\mathrm{T}}; \ \boldsymbol{h}_k = (1 \quad 1 \quad 1)^{\mathrm{T}}$$

4 HITS 的优缺点

优点：HITS 根据查询主题为网页评级，这样能够提供与查询更加相关的权威页和中心页。

缺点：（1）容易作弊，因为在自己的网页上添加大量的指向权威页的链接是很容易的，所以很容易影响 HITS 算法。（2）话题漂移，在扩充的根集中很多网页可能和搜索话题无关。（3）查询时低效，查询时计算很慢，寻找根集、扩展根集、计算特征向量都是非常费时的操作。

第 7 章

Java 语言

教学目标

通过本章的学习，了解计算机程序设计及编程语言的基本概念，主要讲解 Java 指令与程序。以 Java 语言的基本结构为基础，介绍程序设计的规范性，从"是"与"非"的角度引导学生在现实生活脚踏实地发展。培养学生良好的程序设计思维和职业素养，解决实际问题，为社会进步做出贡献。

第 1 节 Java 的含义

Java 语言是一种面向对象的编程语言。Java 平台由 Java 虚拟机 （Java Virtual Machine，JVM）和 Java 应用编程接口 （Application Programming Interface，API）构成。

Java 可以做什么？基本应用：Objects, strings, threads, numbers, input and output, data structures, system properties, date and time 等。

Applets 应用，网络/Web 应用：URL/TCP/UDP，JSP/Servlets。

国际化应用：实现程序的本地化，并以适当的语言显示。

安全应用：电子签名、公钥和私钥管理、访问控制和用户证书等。

软件构件：JavaBeans。

对象串行化：实现远程方法执行（Remote Method Invocation，RMI）。

Java 数据库连接（Java Database Connectivity，JDBC）：提供统一的方式访问关系型数据库。

第 2 节 / Java 的特点

简单（Simple）：快速学习，具有 C/C＋＋相类似的语法，Java 不存在指针。

面向对象（Object Oriented）：注重数据和操作数据的方法，而不是流程，class 类是数据和操作数据的方法的集合，类是层次化结构。

平台独立（Architecture Neutral）和可移植（Portable）：Java 编译器产生的字节码（bytecode）可运行在异种网络环境中（不同的硬件系统和不同的操作系统）。Java 程序在不同的平台中行为一致，不存在数据类型的不一致等现象。

解释性（Interpreted）：Java 编译器生成字节码，Java 解释器执行字节码，链接过程简单，仅仅将新的类装载（load）入运行环境。

健壮（Robust）和安全（Secure）：可靠的语言，如 compile-time checking 和 run-time checking，内存管理简单，"new" 构造对象，对象释放（Automatic Garbage Collection），不会对网络环境的应用产

生入侵行为，为 Java 程序构造沙盒（Sandbox）。

动态（Dynamic）：Java 语言在执行的链接（link）阶段是动态的，class 类仅在需要时被链接，被链接的代码模块可以有不同的来源，来自本地或网络。

多线程（Multithreaded）：浏览器应用中如播放音乐、拖动页面、后台下载页面；线程类如 java. lang. Thread、Runnable、ThreadGroup 等；原语支持如 synchronized、wait（）、notify（）等。

支持网络应用：java. net. *；HTTP 应用：URL 类；TCP 应用：Socket 类、ServerSocket 类；UDP 应用：DatagramSocket 类、DatagramPacket 类。

高性能（High Performance）：解释性的语言，如"Just-In-Time"JIT 编译器，在运行时将 Java 字节码转变为机器码。

Java 应用领域：桌面应用（Java 核心、基础），如 JavaSE（Java Standard Edition）；企业级应用，如 JavaEE（Java Enterprise Edition）；手机等移动产品应用，如 JavaME（Java Micro Edition）。

第 3 节 / 面向对象的基本原理

面向对象方法学是面向对象程序设计技术的理论基础。该理论的出发点和基本原则，是尽可能模拟人类习惯的思维方式，使开发软件的方法与人类的认知过程同步，通过对人类认识客观世界及事物发展过程的抽象，建立规范的分析设计方法，由此使程序具有良好的封装性、可读性、可维护性、可重用性等一系列优点。

对象：就是现实世界中实体在计算机逻辑中的映射和体现。

实体都具有一定的属性和行为。从面向对象的观点来看，所有的面向对象的程序都是由对象构成的。

类：就是具有相同或相似属性和行为的对象的抽象。在面向对象的程序设计中，类与对象是抽象与具体的关系。

类的结构：

［＜修饰符＞］class ＜类名＞［extends ＜父类名＞］
［implements ＜接口列表＞］

｛类体

　成员变量定义；

　成员方法定义；

｝

在类的声明格式中，［ ］内部的内容表示可选，可以根据需要有选择地进行编写。

属性：对象的属性主要用来描述对象的状态。属性用变量来定义。

行为：对象的行为又称为对象的操作，主要描述对象内部的各种动态信息。行为用方法来刻画。

封装：就是将事物的内部实现细节隐藏起来，对外提供一致的公共接口间接访问隐藏数据。优点：使得 Java 程序具有良好的可维护性，使得代码的重用性大为提高。

继承：当一个类拥有另一个类的数据和操作时，就称这两个类具有继承关系。被继承的类称为父类或超类，继承父类的类称为子类。继承有单重继承和多重继承之分，用 extends 实现。优点：使得面向对象的程序结构清晰，易于理解。

多态：指多种表现形式，就是对象响应外部激励而使其形式发生改变的现象。多态有两种情况：一种是通过类之间继承导致的同名方法覆盖体现的，另一种是通过同一个类中同名方法的重载体现的。优点：提高了程序的抽象程度和简洁性。

Java 修饰符见表 7-1。

表 7-1   Java 修饰符

种类	关键字	含义	限制
访问控制符	public	声明类是公有的，可以被任何类使用或继承	一个源程序中最多只能存在一个公有类
最终类说明符	final	声明该类不能被继承	
抽象类说明符	abstract	声明该类不能被实例化，但可以被继承	
无修饰符		可以被同一个程序包中的其他类访问和继承	

第 4 节 / 类构造方法

（1）构造方法的方法名与类名相同。

（2）构造方法不允许声明返回值。

（3）构造方法的作用是完成对类对象的初始化。

（4）构造方法只能通过 new 运算符调用，不能通过对象或类调用。

（5）一个类可以定义多个构造方法。

构造方法的作用

（1）为每个新建的对象赋初始值，从而保证每一个新建的对象处于合理正常的状态。

（2）引入更高的灵活度，使得初始化工作不仅仅包括成员变量的赋值，还可以有更复杂的操作。

包的概念

为了方便管理，通常将需要在一起工作的类放在一个包中。只要包名是唯一的，那么包中的类就有了唯一的类全名。

包的引入解决了类名冲突问题。

包是一种多层次的组织结构，其成员有子包、类和接口。

创建包

创建包需要使用关键字 package，其一般格式和语法为：

package 包名；

这条语句必须位于源文件的第一行，并且在同一个源文件中只能编写一条 package 语句。

导入需要使用的类

利用 import 关键字，将需要使用的类导入当前程序中。

导入整个包

包中所有的类都被加载到当前文件中。

例如：

import schools. ∗ ;

所有的 Java 程序自动导入 java. lang 包，因此，import java. lang. ∗；语句可以省略不写。另外，编译器在查找需要的类时有特定的查找顺序，先是 Java 基本类库中的类，后是用户自定义的类。

第 5 节　Java 程序的基本结构

HelloWorld：在控制台打印字符串″Hello World!″

```
public class HelloWorld {
    public static void main (String [] args) {
        System. out. println (″Hello World!″);
    }
```

```
}
```

Java 程序的基本组成是"类"（使用 class 声明），方法不可以单独存在；

类体和方法体都是在一对大括号中（"｛"和"｝"之间）定义的；

每条语句要以分号结束；

程序从 main（）方法开始执行；

要注意 main（）方法的形式：

public static void main（String ［］ args）｛ ｝

开发 Java 程序的步骤如图 7-1 所示。

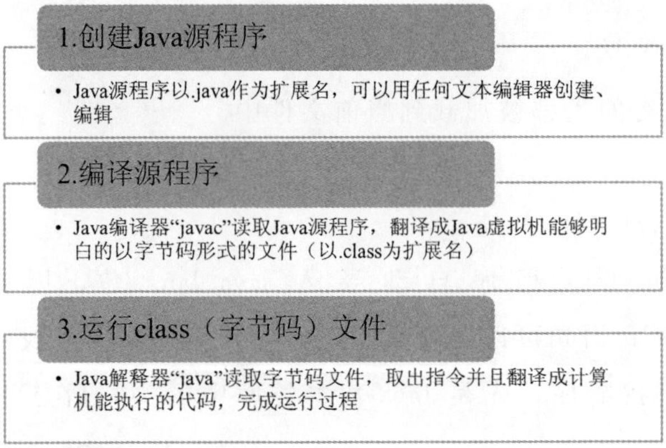

1.创建Java源程序
- Java源程序以.java作为扩展名，可以用任何文本编辑器创建、编辑

2.编译源程序
- Java编译器"javac"读取Java源程序，翻译成Java虚拟机能够明白的以字节码形式的文件（以.class为扩展名）

3.运行class（字节码）文件
- Java解释器"java"读取字节码文件，取出指令并且翻译成计算机能执行的代码，完成运行过程

图 7-1　开发 Java 程序的步骤

第 6 节　Java 运行原理

搭建 Java 开发环境之前，先认识几个概念：

JDK（Java Development Kit）：Java 开发工具箱；

JRE（Java Runtime Environment）：Java 运行时的环境；

JVM（Java Virtual Machine）：Java 虚拟机。

JDK 目录：

bin：包括编译器、解释器和一些工具；

demo：包括各种演示例子；

include：Win32 字目录，是本地方法文件；

jre：java 程序运行环境的根目录；

lib：目录下都是库文件。

Java 运行原理如图 7-2 所示。

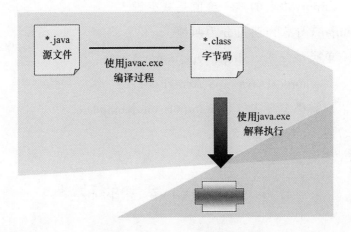

图 7-2　Java 运行原理

第 7 节 Java 相关概念

注释：

　　块注释（/ * 注释的内容 * /）；

　　行注释（//注释内容）；

　　文档的注释（/ * * 注释的内容 * /）。

包：库单元

　　包（package）：命名空间，避免命名冲突；

必须放在源程序的除注释外的第一行；

包的名称就像是我们的姓，而 class 名称就像是我们的名字，如：

java. lang. String

引用包（import）：

import 语句，必须位于 package 和类声明之间；

默认会引入 java. lang 包；

import 语名的唯一价值是减少键入。

import 导入声明可分为两种：

单类型导入（single-type-import）；

例：import java. util. ArrayList。

按需类型导入（type-import-on-demand）；

例：import java. util. * 。

第 8 节 / Java 程序的种类

1 Java 应用程序（Java Application）

属于独立的 Java 程序。

程序入口方法：public static void main（String ［］args）｛ … ｝；

2 Java 小应用程序（Java Applet）

在 Web 浏览器中运行（内嵌 Java 虚拟机）。

特定标记

＜APPLET CODE＝"HelloWorld. class" WIDTH＝150 HEIGHT＝25＞＜/APPLET＞

③ **Java 源程序**

文件扩展名为". java"。

④ **Java 字节码程序**

编译器自动生成。文件扩展名为". class"。

定义类文件：

（1）关键字 class——表示要定义一个类（模板），包含数据变量和方法。

（2）关键字 import——表示引入程序外部定义的类，相当于 C 语言中的 include。

（3）类名与 Java 源程序名一致。

（4）一个 Java 源程序是由若干个类组成，一个类中可有很多方法，每个 Java 应用程序必须有且只能有一个类含有 main（）方法，作程序执行的入口，main 所在的这个类称为主类。

①花括号对"｛｝"——类，方法。

②语句分号"；"结尾。

③对齐和缩进。

④区分大小写。

第9节 Java 编程语言

① **标识符和关键字**

用来标识类名、变量名、方法名、类型名、数组名、文件名的有效字符序列称为标识符。Java 语言规定标识符由字母、下划线、美元符号和数字组成，并且第一个字符不能是数字。标识符中的字母是区分大小写的，Beijing 和 beijing 是不同的标识符。

关键字就是 Java 语言中已经被赋予特定意义的一些单词，它们在程序中有着不同的用途，不可以把关键词作为名字来用。

② 基本数据类型

Java 语言有 8 种简单的数据类型：

boolean、byte、short、int、long、float、double、char。

可分为四大类型：

逻辑类型：boolean；

字符类型：char；

整数类型：byte、short、int、long；

浮点类型：float、double。

Char 型

常量：Java 使用 unicode 字符集，unicode 表中的字符就是一个字符常量，字符常量需使用单引号扩起。

例如：′A′、′b′、′?′、′!′、′9′、′好′、′き′、′δ′。

转意字符常量：′\n′、′\b′、′\t′、′\′′、′\″′。

变量的定义：使用关键字 char 来定义字符变量，可以一次定义几个，定义时也可以赋给初值。

例如：char x=′A′，y=65，tom=′爽′，jiafei；

对于 char 型变量，内存分配 2 个字节，占 16 位，最高位不用来表示符号。

基本数据类型的转换

按精度从"低"到"高"排列顺序（不包括逻辑类型和字符类型）：

byte short int long float double

当把级别低的变量的值赋给级别高的变量时，系统自动完成数据类型的转换。

当把级别高的变量的值赋给级别低的变量时，必须使用显示类型转换运算。强制转换运算可能导致精度的损失。

数组

定义：数组是相同类型的数据按顺序组成的一种复合数据类型。通过数组名加数组下标，来使用数组中的数据。下标从 0 开始。数组示例如图 7-3 所示。

一维数组	二维数组
数组元素类型 数组名字［］；	数组元素类型　数组名字［］［］；
数组元素类型［］数组名字；	数组元素类型［］［］数组名字；

图 7-3　数组示例

注意：

Java 不允许在声明数组中的方括号内指定元素个数；

数组属于引用类型的数据，它在声明时，默认的初始化值为"null"（表示此时没有数据，不可用状态）。

创建数组：为数组分配内存空间。在为数组分配内存空间时必须指明数组的长度。

声明与创建：

数组元素类型　数组名字 = new　数组元素类型［元素个数］；

Java 允许使用 int 型变量指定数组的大小，例如：

int　size＝30；

double　number［］＝new double［size］；

算术运算符与表达式：

＋，－，＊，/,％，＋＋x（－－x），x＋＋（x－－）

算术混合运算的精度：

Java 将按运算符两边的操作元的最高精度保留结果的精度；char 型数据和整型数据运算结果的精度是 int。

关系运算符与关系表达式：

＜，＞，＜＝，＜＝，！＝，＝＝，运算结果是 boolean 型。

逻辑运算符与逻辑表达式：

＆＆，‖，！

在逻辑表达式的求解过程中，并不是所有的逻辑运算都被执行，只有在必须执行下一个逻辑运算才能求出表达式的值时，才执行该运算。例如：（2＞3）＆＆（5！＝1），由于 2＞3 结果为 false，整个表达式的值为 false，不再计算 5！＝1。

赋值运算符与赋值表达式：

＝，左面的操作元必须是变量，不能是常量或表达式。

注意：

不要将赋值运算符"＝"与等号运算符"＝＝"混淆。

条件运算符：条件运算符是一个 3 目运算符，它的符号是："？："，需要连接 3 个操作元，用法如下：

12＞8？100：200 的结果是 100；12＜8？100：200 的结果是 200。

op1？op2：op3

instanceof 运算符：该运算符是双目运算符，左面的操作元是一个对象；右面是一个类。当左面的对象是右面的类创建的对象时，该运算符运算的结果是 true，否则是 false。

运算符综述

Java 的表达式就是用运算符连接起来的符合 Java 规则的式子。运算符的优先级决定了表达式中运算执行的先后顺序。

例如：x＜y＆＆！z 相当于（x＜y）＆＆（！z）。

在编写程序时可尽量使用括号（）运算符号来实现想要的运算

次序，以免产生难以阅读或含糊不清的计算顺序。

运算符的结合性决定了并列级别的运算符的先后顺序。

例如，加减的结合性是从左到右，8－5＋3 相当于（8－5）＋3。逻辑否运算符！的结合性是右到左，!! x 相当于!（! x）。

3 语 句

方法调用语句如下：

表达式语句：如 x＝25；

复合语句：如{ z＝23＋x；
System. out. println（"hello"）；
}

控制语句：包含条件分支语句、循环语句和跳转语句，分别如下。

条件分支语句：if…else 语句；switch 开关语句；

循环语句：for 循环语句；while 循环语句；do…while 循环语句；

跳转语句：跳转语句的作用就是把控制转移到程序的其他部分。

Java 支持 3 种跳转语句：break、continue 和 return。

break 语句：改变程序控制流的语句，用在 while、do…while、for 循环语句中时，可跳出循环执行，循环后面的语句。在循环体中，当执行语句时，遇到 break；语句程序流程会无条件地结束循环体。一般 break 语句会与条件语句 if、if…else 语句一起使用。

continue 语句：作用是将控制流转到循环体的末尾并且继续执行下一次循环。continue 语句只能用在循环（for、while 或 do）里。

break 语句和 continue 语句的区别：

break 语句结束整个循环结构，continue 语句结束的是本次循环体后面的语句，不是结束整个循环结构。

return 语句：Java 中的 return 语句总是和方法有密切关系，它总是用在方法中，有两个作用：

返回方法指定类型的值（这个值总是确定的）；

结束方法的执行（仅仅一个 return 语句）。

注意：

放在 try 块或者 catch 块里面的 return 都不会对 finally 产生影响，也就是说 finally 块里面的语句一定会执行。

数据的输出与输入

数据的输出：

System. out. print

System. out. println

System. out. printf

数据的输入：

import java. util. * ;

Scanner reader＝new Scanner（System. in）；

调用 reader 对象的常用方法：

nextByte（），nextDouble（），…，nextInt（）。

第 8 章

信息技术模型应用实例

教学目标

　　通过对信息技术模型应用案例的介绍，学习如何使用查询扩展模型、向量空间模型和表示学习模型三个模型解决实际问题，理解信息技术在科学研究当中的作用。教学中从"是"与"非"两个角度引导学生理解科学研究的规范，培养学生科学地使用信息技术的新技术和方法的能力，培养学生的科研素养和科学家精神。

第 1 节 / 查询扩展模型应用实例

——面向生物医学文献检索查询理解模型

　　有效的查询理解是优化生物医学文献检索的重要途径。为实现精准的查询理解，满足多样化的生物医学检索需求，本节提出一种面向生物医学文献检索的扩展词排序模型，该模型以伪相关反馈为基础，融合生物医学语义资源，构建扩展词排序模型，以优化查询扩展过程，选择更为优质的扩展词，改善文献检索性能。本节提出一种面向生物医学文献检索的查询理解方法。该方法以伪相关反馈为基础，在候选扩展词的选择中，融合伪相关文档所蕴含的词项信息和语义资源医学主题词表（MeSH）中所蕴含的词项信息，从而选择大量具有较高相关程度的候选扩展词；在此基础上，采用基于词项分组的排序学习模型，精炼并选择最终的查询扩展词，以提升扩展查询的质量。在扩展词排序模型的构建中，提出一种基于扩展词对检索性能潜在影响和扩展词主题信息的标注策略，以充分评估扩展词与原始查询的相关程度；同时，分别基于上下文信息和语义资源信息提取大量候选扩展词特征，以实现扩展词的有效向量化表示，从而构建更为有效的扩展词排序模型。在两个标准 TREC 数据集上的实验结果表明，本节所提出的方法能够实现更为精准的生物医学查询理解，有效改善生物医学文献检索的整体效果。

① 方法整体流程

本节简要介绍面向生物医学文献检索的扩展词排序模型构建方法的整体流程，其流程如图 8-1 所示。

该方法以伪相关反馈为基础，首先根据用户原始查询展开初次检索，并以初次检索排序靠前的若干文档作为候选扩展词的来源，从中提取候选扩展词，用于后续的排序和精炼；在候选扩展词的选择中，主要考虑两方面的因素，一方面是扩展词在伪相关文档集合中的分布情况，另一方面是扩展词在生物医学语义资源医学主题词表中的分布情况，提出一种基于改进词依赖模型的方法将两种信息进行融合，以选择大量候选扩展词，尽可能全面地覆盖与原始查询

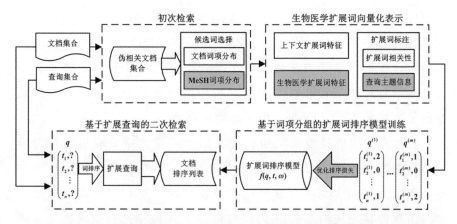

图 8-1 面向生物医学文献检索的扩展词排序模型构建流程

具有较高相关性的扩展词，从而扩充后续扩展词排序性能的提升空间。其次，通过扩展词相关性标注和扩展词特征抽取实现扩展词的向量化表示，在相关性标注方面，本节提出一种融合候选扩展词主题信息的标注方法，该方法针对生物医学文献检索中查询主题多样化的特点，改进现有扩展词标注策略，使之适用于生物医学文献检索场景，在扩展词特征抽取方面，不仅基于扩展词在上下文中的分布信息抽取一些经典的文本统计量，而且基于扩展词在生物医学语义资源中的分布信息抽取与之相关的扩展词特征，从而丰富扩展词向量，以期提升扩展词排序效果。最后，在扩展词排序模型的构建中，本节提出一种基于词项分组的扩展词排序模型，该模型以基于分组的排序学习模型为基础，通过最小化分组排序损失函数，训练得到最优的排序模型，用于扩展词的选择和扩展查询的构建，以提升二次检索的整体性能。

② 基于医学主题词表的候选扩展词选择

本节介绍面向生物医学文献检索的候选扩展词选择方法，由于候选扩展词的选择关系到查询扩展性能的提升幅度，因此，候选扩展词应尽可能全面地覆盖与原始查询相关的扩展词，为挖掘这些相关扩展词，本节提出一种结合词依赖扩展词加权，基于医学主题词表的候选扩展词选择方法，该方法融合扩展词在伪相关文档集合中的分布信息和扩展词在医学主题词表中的分布信息，以选择与原始查询最为相关的候选词项，用于后续的精炼。

本节采用词依赖模型对伪相关文档中词项的重要程度进行定量评估。词依赖模型假设若两个词项在同一篇文档中出现的频率越高，则认为这两个词项更有可能作为彼此的补充，即与查询词频繁共同出现的词项更有可能作为扩展词，丰富和补充查询内容。词项共现通常从共现频率和逆文档频率两个维度累加进行建模。根据查询词独立假设，基于词依赖模型的扩展词选择方法可以表示为如下形式。

$$TFIDF_{doc}(t, Q) = \sum_{q \in Q} idf_{doc}(q) \cdot idf_{doc}(t) \cdot \log(tf_{doc}(t, q) + 1.0)$$

（1）

其中，Q 表示检索中的原始查询，q 表示原始查询 Q 中的任意查询词。公式（1）结合查询词 q 与候选扩展词 t 的共现词频 $tf_{doc}(t, q)$、查询词 q 的逆文档频率 $idf_{doc}(q)$ 和候选扩展词 t 的逆文档频率 $idf_{doc}(t)$，并基于原始查询中的全部查询词累加，从而得到候选扩展词 t 相对于原始查询 Q 的重要程度。本节将该公式作为基于词依赖模型选择候选扩展词的基础，对各候选扩展词给予适合的权重，同时，为与后文基于医学主题词表的扩展词加权方法表示一致，公式中各项均采用 doc 作为下标。

在生物医学文献检索中，词项的重要程度及其与查询的相关程度不仅可以通过词项共现的方式度量，同时也可以借助生物医学语义资源，综合衡量词项的领域依赖程度，因此，在候选扩展词的加权中本节进一步考虑后者，以提升相关候选扩展词的覆盖程度，即采用医学主题词表（MeSH）度量候选扩展词领域依赖程度。

医学主题词表是由美国国立图书馆建立和发布的医学词典，采用树状结构层次存储，涵盖生物医学领域丰富的术语和概念，2017年发布的词表共包含超过 87 000 组术语条目和 27 883 个术语描述符，该词表主要用于对生物医学搜索引擎 PubMed 建立文献索引和存储信息等。鉴于医学主题词表的领域专业性和术语覆盖率，本节拟采用 MeSH 进一步评估候选扩展词的重要性，以选取高质量的候选扩展词。

医学主题词表中含有大量词条，而每个词条均包含若干词项，因此，词项在词表中出现的频率可以作为衡量词项相关程度的重要依据，因而本节考虑将基于 MeSH 的词频应用于候选扩展词选择中，以评估扩展词在所属领域内的重要程度，该方法可形式化描述如下：

$$tf_{MeSH}(t) = \frac{\log(freq(t, MeSH) + 1.0)}{\log|T|} \tag{2}$$

其中，$freq(t, MeSH)$ 表示医学主题词表中候选扩展词 t 出现的次数，$|T|$ 指医学主题词表中词项总数，该指标用于度量候选扩展词在医学主题词表中出现的频率，若某一候选扩展词在医学主题词表中出现的频率越高，则可以认为该词项的领域依赖性越强，越可能对原始查询起到补充作用。同时，考虑到包含某一扩展词的医学主题词条数目也是反映扩展词领域依赖性的重要依据，本节进一步将该指标形式化定义如下：

$$idf_{MeSH}(t) = \frac{|MeSH| - m(t) + 1.0}{m(t) + 1.0} \tag{3}$$

其中，$|MeSH|$ 表示医学主题词表中的词条总数，$m(t)$ 表示包含扩展词 t 的不重复词条的数目，该指标可以从候选扩展词的词条覆盖率角度评估词项的重要程度，该思想类似于词项加权中逆文档频率的计算方式。

$$TFIDF_{MeSH}(t) = idf_{MeSH}(t) \cdot \log(tf_{MeSH}(t) + 1.0) \tag{4}$$

本节所述方法以医学主题词表为基础，对候选扩展词的领域依赖性综合评估，以选取高质量的候选扩展词，提升候选扩展词中查询相关词项的覆盖程度。本节拟进一步融合上述两种加权方法，以实现候选扩展词的综合评估，具体融合方式如下所示。

$$sim(t, Q) = \lambda \cdot \frac{TFIDF_{doc}(t, Q)}{\sum_t TFIDF_{doc}(t, Q)} + (1 - \lambda) \cdot \frac{TFIDF_{MeSH}(t)}{\sum_t TFIDF_{MeSH}(t)}$$

（5）

本节采用线性差值方式融合两种加权策略，公式（5）中 λ 表示线性差值参数，取值范围是 [0，1]，当 λ 的值为 0 时，该模型退化为仅基于医学主题词表的候选扩展词加权方法，当 λ 的值为 1 时，该模型退化为仅基于词依赖模型的候选扩展词加权方法。

③ 融合查询主题信息的扩展词相关性标注策略

候选扩展词相关性标注是为候选扩展词赋予相关性标签，该标签在后续扩展词排序模型构建中作为学习目标，用于损失函数的计算和模型的优化。为度量扩展词对生物医学文献检索性能的潜在影响，本节首先基于原始查询进行检索，并将检索性能记作 $eval(Q)$，这里 $eval$ 表示任意一种信息检索性能的评价指标，例如 $P@n$、$NDCG@n$ 或 MAP 等；其次，将每一个候选扩展词单独加入原始查询中作为扩展查询进行检索，并记录该查询的检索性能，记作 $eval(Q, t)$。通过对比两次检索性能的变化，对候选扩展词 t 的相关性进行标注，若扩展查询的性能优于原始查询，则认为该候选扩展词与用户查询较为相关，反之则认为该候选扩展词与原始查询不相关。该方法如公式（6）所示。

$$label(t) = \begin{cases} 1 & eval(Q, t) > eval(Q) \\ 0 & eval(Q, t) \leqslant eval(Q) \end{cases}$$

（6）

其中，*label*（*t*）表示候选扩展词 *t* 的标签，若候选扩展词与原始查询相关，则标签为 1，表明该候选扩展词与原始查询相关，若候选扩展词与原始查询不相关，则标签为 0，表明该候选扩展词与原始查询不相关。生物医学候选扩展词标注策略见表 8-1。

表 8-1 生物医学候选扩展词标注策略

标注	$eval（Q，t）>eval（Q）$	$TopicTerm（Q，t）$
不相关	否	否
可能相关	是	否
可能相关	否	是
确定相关	是	是

在表 8-1 中，$TopicTerm（Q，t）$ 表征候选扩展词 *t* 是否出现在对应查询 *Q* 的主题术语中，若词项 *t* 出现在该查询的主题术语中，则可以认为词项 *t* 与查询 *Q* 的某一主题具有较高相关性。

4 面向生物医学文献的扩展词特征抽取

基于上下文的候选扩展词特征，主要包括词频文档频率特征（TF-IDF）、词项共现特征（Term Co-occurrences）和词项邻近度特征（Term Proximity）。

基于领域的候选扩展词特征，在基于医学主题词表的词项特征方面，所抽取的候选扩展词特征包括前文定义的基于医学主题词表的扩展词频率、基于医学主题词表的扩展词逆文档频率和二者的融合。这些特征以候选扩展词在医学主题词表中的分布信息为基础，评估候选扩展词的领域依赖程度，因此，既可以作为候选扩展词选择的依据，也可以作为词项特征用于候选扩展词的向量化表示。在基于生物医学术语的词项特征方面，所抽取的候选扩展词特征主要基于面向生物医学的自然语言处理程序 MetaMap[①] 实现。MetaMap 是由美国国家医学图书馆发布，能够根据自然语言描述的生物医学文本片段，自动地识别出其中涵盖的专业术语概念，被广泛应用于面向生物医学领域的信息检索和数据挖掘等任务，并获得较好的效果，因此本节拟采用 MetaMap 提取候选扩展词特征。本节将该特征形式化定义如下：

$$concept\ (t)\ = count\ (t,\ Q_{expand}\ (t)\ ) \tag{7}$$

其中，t 表示某一个候选扩展词，$Q_{expand}\ (t)$ 表示基于原始查询和该候选扩展词 t 的扩展查询。该特征表征基于候选扩展词 t 扩展后的查询中涵盖生物医学概念的数量，这里的生物医学概念采用 MetaMap 识别。此外，MetaMap 在返回概念的同时，会根据文本中的词项，返回若干候选生物医学概念，候选概念数量也可以反映扩展词的领域依赖性，因此，本节进一步根据候选概念数量定义如下扩展词特征。

$$candidate(t) = \frac{\sum_{q \in Q_{expand}(t)}\ |\ R(q)\ |}{|\ Q_{expand}\ (t)\ |} \tag{8}$$

其中，$R(q)$ 表示基于候选扩展词 t 扩展的查询中任一查询词 q 所对应的候选概念的数量，$|\ Q_{expand}\ (t)\ |$ 表示扩展查询中所涵盖的概念总数。

⑤ 面向生物医学文献检索的扩展词排序模型构建

在面向生物医学文献检索的候选扩展词排序模型构建中，考虑到生物医学扩展词中涵盖大量同义词项，而同义词项应在扩展词排序中同等对待，本节拟提出一种基于词项分组的候选扩展词排序模

---

① Aronson A R, Lang F M. An overview of MetaMap: historical perspective and recent advances [J]. Journal of the American Medical Informatics Association, 2010, 17 (3): 229-236.

型。该模型以组排序学习模型[②]为基础，在以查询为单位的样本空间划分基础上，进一步基于词项分组划分样本空间，以提升扩展词排序模型的泛化能力和排序性能。

在分组样本空间的划分上，基于候选扩展词相关性标注不同将扩展词分为三类组空间，即相关-可能相关组空间，可能相关-不相关组空间和相关-不相关组空间。任一相关-可能相关组样本包含一个相关性标注为 2 的词项和若干相关性标注为 1 的词项；任一可能相关-不相关组样本包含一个相关性标注为 1 的词项和若干相关性标注为 0 的词项；任一相关-不相关组样本包含一个相关性标注为 2 的词项和若干相关性标注为 0 的词项。这种划分方式可以有效扩充模型训练的样本空间，同时倾向于将相关性级别较高的候选扩展词排列在排序列表的顶端，以提升扩展词排序的准确率。

在排序方法的选择上，本节以排序学习模型 ListMLE 为基础，根据扩展词组样本划分方式修改其排序损失计算方式，以期获得最优排序性能。ListMLE 是一种列表级排序学习算法，其损失函数基于序列似然概率的 Luce 模型，具有如下形式。

$$loss(f; t^q, y^q) = \sum_{s=1}^{n-1}(- f(t_y^q q(s))) + \ln(\sum_{i=s}^{n}\exp(f(t_y^q q(i))))$$

（9）

其中，y 是基于扩展词相关性标注而生产的最优扩展词序列，该序列满足对于任意候选扩展词 t_i 和 t_j，若 t_i 的相关性标注值大于 t_j 的相关性标注值，则 t_i 排列在 t_j 之前。

组样本空间的划分可以一定程度上增强 ListMLE 损失计算中对于不同相关性级别扩展词的区分能力，从而有效改善扩展词排序的

---

② Lin Y，Lin H，Ye Z，et al. Learning to rank with groups [C]. Proceedings of the 19th ACM International Conference on Information and Knowledge Management. ACM，2010：1589-1592.

精确程度，以增强模型的健壮性和泛化能力，下面给出面向组样本划分的 ListMLE 方法损失函数的定义。

$$loss(f; t^g, y^g) = \sum_{s=1}^{n-1} (-f(t_y^g g(s))) + \ln(\sum_{i=s}^{n} \exp(f(t_y^g g(i))))$$

（10）

该函数用于单个词项分组损失的计算，在模型训练时需要将训练集中全部分组的排序损失累加，并采用梯度下降等优化策略迭代降低排序损失，以优化排序模型，训练并得到最终用于扩展词选择的排序模型，为测试查询选择合适的相关扩展词，以提升扩展查询的质量和最终的检索性能。

6 实验结果及分析

本节实验数据采用 TREC Genomics Track 评测数据集。该数据集包括 2006 年和 2007 年的两个基因文献检索任务的查询和文献集合，文献数据共包含发表在 49 个生物医学学术刊物的 162 259 篇文献，这些文献按照检索任务的要求被划分为超过 1 000 万个篇章，并执行篇章级文献检索。相应的查询集合共包含 62 个查询，其中，2006 年的检索任务除两个不包含相关文献的查询外共包含 26 个查询，2007 年检索任务共包含 36 个查询。该数据集是生物医学文献检索评估的经典数据，一直以来被广泛用于生物医学文献检索研究，以探索最为有效的检索方法。同时，该数据集还设置了专用的评价程序，其评价指标包含四种平均准确率（MAP）的变种形式，分别是文档级准确率（Document MAP）、篇章级准确率（Passage MAP）、方面级准确率（Aspect MAP）和篇章级平均准确率的更新版本（Passage2 MAP），文档级平均准确率能够从整篇文献的角度评估检索结果中相关文献的准确率，篇章级平均准确率能够从所划分篇章的字符覆盖率角度评估检索结果的相关性，方面级平均准确率能够从查询主题的角度评估检索结果的多样化程度，这四种评价指标分别从不同维度评估文献检索的性能，给出检索结果的综合评价。

在检索环境的搭建中，本节采用 Indri 搜索引擎，并将其中内置实现的查询似然语言模型作为基准检索模型。在文献预处理中，采用 Porter 方法对文献正文和查询正文给予词干化处理，便于词项不同形式间的匹配，同时去除停用词，基于 Indri 内置的结构化查询语言构造扩展查询。

在实验中，分别基于两组查询集合采用五倍交叉验证训练扩展词排序模型，以获得模型在全部查询上的平均性能，集合的划分是根据查询编号将两组查询分别划分为训练集合、测试集合和验证集合，训练集合用于模型优化和选择，测试集合用于模型性能预测，验证集合用于模型参数选择。

本节实验基于面向生物医学文献检索的扩展词选择方法选择候选扩展词，将扩展词表示为特征向量，训练扩展词排序模型，进行查询扩展，以验证扩展词排序模型的整体性能。在 2006 年和 2007 年查询集合的检索平均准确率评估分别见表 8-2、表 8-3，其中，对比方法包括：查询似然语言模型（Query Likelihood Language Model，QL）、相关模型（Relevance Model，RM）、词依赖模型（Term Dependency，TD）、基于聚类的生物医学文献检索方法（Cluster-based Model）和基于支持向量机的扩展词分类方法（SVM-QE），查询似然语言模型为本文的基础检索模型，也是本文对比的基准方法。表中本文方法包括：本节提出的融合 MeSH 的候选扩展词选择方法（TD＋MeSH）和基于词项分组的扩展词排序模型 Group-ListMLE。表中分别对本文方法相比于聚类方法和扩展词分类方法 SVM-QE 的提升情况，进行显著性检验，检验采用双尾 t 检验（p＜0.05），表中"＊"表示方法性能提升幅度显著优于聚类方法，"＋"表示方法性能提升幅度显著优于 SVM-QE 方法。

表 8-2　　　　基于 2006 年查询集合的检索平均准确率评估

方法	文档级 准确率	篇章级 准确率	方面级 准确率	篇章级 准确率 2
QL	0.3178	0.0205	0.1983	0.0239
RM	0.3194	0.0207	0.2023	0.0240
TD	0.3198	0.0208	0.1785	0.0254
TD＋MeSH	0.3242*	0.0212	0.2040	0.0260*
Cluster-based Model	0.3089	0.0235	0.2644	0.0258
SVM-QE	0.3435	0.0249	0.2527	0.0306
Group-ListMLE	0.3575*+	0.0263*+	0.2587+	0.0337*+

表 8-3　　　　基于 2007 年查询集合的检索平均准确率评估

方法	文档级 准确率	篇章级 准确率	方面级 准确率	篇章级 准确率 2
QL	0.2587	0.0646	0.2000	0.0876
RM	0.2678	0.0720	0.2302	0.0963
TD	0.2804	0.0683	0.1974	0.0939
TD＋MeSH	0.2818*	0.0706*	0.1996*	0.0992*
Cluster-based Model	0.2651	0.0673	0.1987	0.0905
SVM-QE	0.3185	0.0809	0.2639	0.1112
Group-ListMLE	0.3364*+	0.0847*+	0.2723*+	0.1192*+

从表 8-2 和表 8-3 的结果可以看出，本文所提出的基于 MeSH 的候选扩展词选择方法相比于查询似然语言模型、相关模型和词依赖模型获得了更高的排序准确率，而对比基于聚类的模型，基于

MeSH 的方法在 Document MAP 和 Passage2 MAP 两个指标上具有更高的准确率，这说明融合 MeSH 信息有助于选择更为相关的候选扩展词，用于后续选择；而本文所提出的基于词项分组的扩展词排序模型能够进一步提升检索准确率，相比基于 SVM 分类的方法和候选扩展词选择方法均具有更好的效果。

本节提出一种面向生物医学文献检索的扩展词排序模型。该模型首先基于医学主题词表和词项共现信息选取大量候选扩展词，作为扩展词进一步排序的基础，进而融合查询主题信息对扩展词相关性进行标注，将其作为排序模型训练和优化的目标；同时，分别基于上下文和领域语义资源抽取候选扩展词特征，将所有候选扩展词表示为特征向量，作为扩展词排序模型训练的输入；在扩展词排序模型的构建中，提出一种基于词项分组的扩展词排序模型，该模型对词项样本空间进一步划分，以优化排序的准确程度。本节实验基于 TREC 基因文献检索数据集展开，实验结果表明所提出的基于词项分组的扩展词排序模型能够有效提升生物医学文献检索的整体性能，实验中还分别对比了不同扩展词选择方法、不同相关性标注策略、不同扩展词特征集合和不同模型在候选扩展词排序准确率方面的差异，从不同角度验证了本文方法的有效性。

第 2 节　向量空间模型应用实例

——基于 Web of Science 分类的工程学科交叉性研究

工程科学作为技术科学，随着科研活动的发展，形成大体三种类型：生产实践、科学发现和学科分化。工程科学的发展状况，将直接关系到国家实力和福利的基础，技术与科学的研究是国家富强的关键，工程科学最重要的本质是将基础科学中的真理转换为人类福利的实际方法的技能，如何更好地加强工程学科的发展，发掘出工程学科潜在的规律，促进工程学科更快发展壮大，有利于我国国际影响力的进一步提升。工程学科作为工程领域研究人员的智慧结晶，凝结了长久以来的科研成果，是工程科学的智慧之果。工程学是将各种自然科学、数学和技术原理应用到社会生产部门中形成的各学科的总称。但我国作为快速发展的发展中国家，工程科学的发展深受一些因素的制约，阻碍了我国从生产制造大国迈向生产制造强国行列中。因此探究出阻碍我国工程科学发展缓慢的因素，寻找出促进工程科学发展的内在方法尤为重要。本文采取从学科交叉的角度入手，探究出工程学科及其交叉学科的内在联系，为提高我国工程科学水平给出建设性意见。

随着科学家科研活动的展开，科学家从事科研工作的活动从专注于单一学科到逐步拓宽至多个学科，而学科之间的内在交叉，也影响着科研活动的开展，学科的发展呈现出两种趋势，一种是由整体学科逐步细化，划分成专业领域性更强的精细专业，另一种趋势是由于科学技术的进步，社会对于多学科综合运用来解决实际需求的需要，不同学科领域之间的联系变得更加紧密，学科相互交叉而形成全新的学科领域。工程学科作为众多学科中的一员，学科交叉也渗入其中。如何定量地确定学科之间联系的紧密程度，揭示学科交叉的发展现状，探究工程学科及其关联学科的内在联系对建设工程制造强国有着不可言喻的重要性。

学科交叉是社会发展以及学科自身发展需求从而诞生的综合性科学活动，学科交叉是形成交叉学科的前提，交叉学科是学科交叉产生的结果。学科交叉是科学新的生长点、新的科学前沿，科学成果往往诞生于学科交叉领域。交叉科学是自然科学、社会科学、人文科学等学科门类之间发生的外部学科交叉以及内部学科交叉形成的综合性、系统性的知识体系。交叉学科不断发展，大大地推动了科学进步，因此学科交叉研究体现了科学向综合性发展的趋势。针对科学界学科的迅猛发展以及高校合作的加强，学科已打破以往的壁垒，学科的融合也诞生出全新的学科。

本节通过对 SCIE 中收录的工程学科核心期刊进行统计分析，采用向量空间模型进行度量，揭示工程学科内部交叉与外部交叉特征，进而发现国际工程学科与其他学科交叉发展的内在规律。

1 数据来源与研究方法

（1）数据来源

本节对于学科交叉的研究，采用以美国科学情报研究所（ISI）的数据库平台（Web of Science）中的期刊引用报告（Journal Citation Reports）为基础。Web of Science（WOS）是美国 Thomson Reuters 公司基于 Web 平台开发的产品，是全球最大、覆盖学科最多的综合性学术信息资源，截至 2015 年收录了全球各个研究领域 11 398 本具影响力的、经过同行专家评审的高质量核心期刊，因此采用该数据库收录的核心期刊进行研究，更具有科学性。Web of Science 的 Journal Citation Reports 按照学科共计划分了 234 类，其中包括工程学科 18 类。

登录 WOS 数据库，进入 JCR（Journal Citation Reports）模块，以 2015 年为基础，按照 Categories by Rank 排序逐一下载，即可获得全部 234 类学科收录核心期刊信息。

本文研究过程中将 Web of Science 中所有带"ENGINEERING"的学科融合为一个整体，命名为总工程学科，用来计算它与其他学科的相似度。Web of Science 的 Journal Citation Reports 234 类学科中共计有 18 个类别含有"Engineering"即"工程学"（分别是①电气电子工程；②化学工程；③机械工程；④土木工程；⑤工程科学多学科；⑥生物医学工程；⑦环境工程；⑧工业工程；⑨制造工程；⑩地质工程；⑪航天航空工程；⑫石油工程；⑬船舶工程；⑭海洋工程；⑮农业工程；⑯计算机科学软件工程；⑰细胞组织工程；⑱冶金工程）。

（2）研究方法

SCI/SSCI期刊并不唯一地归入一个JCR主题类，有的期刊同时归入多个JCR主题类，这类期刊称为"交叉期刊"。本节先采用学科收录交叉期刊逐一比对的方法，统计出234个学科收录交叉期刊的分布情况，接着以不同学科收录交叉期刊的数量作为基底，运用向量空间模型来计算学科交叉程度。Porter和Rafols提出在科学领域用向量空间模型作为指标之一，来计算相似度的方法，该相关性度量方法广泛应用于信息检索中，但在学科相关性衡量方面应用较少，采用向量空间模型可以很好地度量学科之间的相关程度。

为了衡量学科之间的相关性大小，首先基于学科间的交叉性定义学科交叉向量，用于学科的交叉性表示。学科所收录核心期刊的动机，皆为该期刊对该学科的发展有着重要的作用，与该期刊是否为另一个学科的核心期刊无关；同一学科所收录的所有核心期刊对于本学科的贡献是等同的，对于该学科来说，皆为同一性质的期刊，以上述观点为基础进行学科交叉向量的具体构造以及学科相似度的计算。由于向量空间模型可以很好地用于数据的表示，而且早已被广泛应用于计算数据的相似度，因此这里采用向量空间模型表示学科，进而计算学科之间的相似度，以空间向量的夹角大小来判断学科相似度大小，从而定量确定学科交叉程度。

整体学科交叉分析建模，对234类学科进行建模，探究各个学科之间的关联性。学科的研究基础向量由该学科与其他学科交叉期刊数量构成，即为了衡量A学科与B学科之间的交叉程度，这里借助C学科，将A与C学科之间的交叉期刊数作为一个指标，B与C学科之间的交叉期刊数作为一个指标，将这两个指标运用向量空间模型进行表示，从而得出A学科与B学科之间的相似度大小。具体构造方式见表8-4。

表 8-4　　　　　　　　　　学科向量示例

	经济学	数学应用	…	管理学	法律	环境研究	…	农业经济与政策
经济学	1	0	…	0.06	0.06	0.15	…	0.82
数学	0	0.44	…	0	0.01	0	…	0

学科被表示成234维度的特征向量，每一个维度所对应的特征值为该学科与其他学科的共有核心期刊数目占其他学科核心期刊总数的百分比，并且所有学科的每一个维度对应的学科是一致的。在表8-4中，经济学学科被表示成234个维度的向量，每一个维度对应234个学科，维度值是该学科与其他学科交叉的核心期刊数量占其他学科核心期刊总数的百分比，如无交叉核心期刊，该维度对应的特征值为0。对于学科交叉向量采用空间向量间夹角的余弦值进行计算，计算方法如公式（11）所示：

$$Cosine(x,\ y) = \frac{X \cdot Y}{\parallel X \parallel \parallel Y \parallel} = \frac{\sum_{j=1}^{t} c_{xj}c_{yj}}{\sqrt{\sum_{j=1}^{t}(c_{xj})^2 \sum_{j=1}^{t}(c_{yj})^2}}$$

$$(11)$$

x、y 为任意两个学科，X、Y 为学科基础关系向量，c_{xj} 为学科 x 与学科 j 的收录交叉期刊百分比数，t 为学科数目，这里是234个，j 是指与 x 重复收录相同期刊的学科（包括 x 本身）。计算结果为大于等于0、小于等于1的正数，当两个向量完全一致时结果为1，向量相似度越大，则 Cosine 方法计算结果就越高。

工程学科内部交叉性分析建模，为准确度量工程学科内部交叉程度的具体数值，这里仍然采用向量空间模型，但针对工程学科研究进行了一些改进，仅以总工程学科及其18个子学科作为向量空间模型的维度，每一维度对应于18个工程学科及总工程学科，维度值是该学科与其他学科交叉的核心期刊数量占其他学科核心期刊总数的百分比，如无交叉核心期刊，该维度对应的特征值为 0。示例见表 8-5。

表 8-5　　　　　工程学科内部交叉向量示例

	电气电子工程	土木工程	…	计算机科学软件工程	工程科学多学科	环境工程	…	总工程学科
电气电子工程	1	0.016	…	0.075	0.035	0	…	0.226
计算机科学软件工程	0.031	0	…	1	0.012	0		0.093
总工程学科	1	1	…	1	1	1	…	1

　　工程学科与其他学科交叉性分析建模，为探究工程学科与外部其他学科间的联系，对工程学科向量进行拓展，以总工程学科及其他 234 个学科作为学科向量的维度，将 235 维的学科向量命名为工程学科总向量，其中总向量的每一维度的维度值为该学科与其他学科交叉期刊总数占其他学科期刊总数的百分比，具体构造方法见表 8-6，以 1 139 本期刊作为工程学科收录期刊，工程学科被表示为 235 个维度的向量，以工程学科与其他学科交叉期刊数占其他学科期刊总数的比值作为每个维度的维度值。

表 8-6　　　　　工程学科总向量示例

	经济学	电气电子工程	…	化学多学科	土木工程	能源燃料	…	总工程学科
化学工程	0	0.004	…	0.104	0	0.261	…	0.119
总工程学科	0.006	1	…	0.110	1	0.500	…	1

② 学科整体交叉性分析

（1）学科收录核心期刊情况

　　在科学领域，通常将某一学科内交叉期刊数占该学科收录的所有核心期刊数的百分比（Multi-assignation Percentage,％M，交叉百分比）作为衡量该学科的交叉性指标之一。图 8-2 给出了 234 个学科的交叉百分比分布情况。

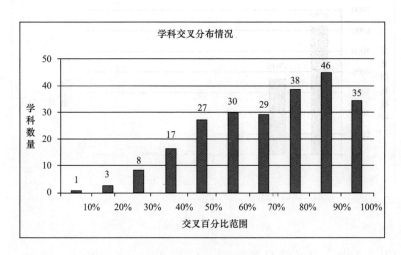

图 8-2 学科交叉分布情况

从图 8-2 可以看出，交叉期刊比例处于 80％～90％的学科最多，共计有 46 个，占所有学科的 19.7％，而交叉期刊比例处于 0％～10％的学科最少，只有 1 个，占所有学科的 0.4％，整体上，大部分交叉期刊比例均大于 50％（共计 178 个学科，占所有学科的 76.1％），可见整体上期刊交叉百分比处于较高的范围中，学科交叉已经相当普遍。与早期的学科交叉状况相比，目前学科的交错融合在原有的基础上，进一步向前迈进，交叉程度与范围更加深远，跨度更加广泛。可以认为，未来学科将会进入新纪元，学科间的壁垒将不复存在，而如何准确把握学科的交叉程度，将关系到科研活动以及学术研究的开展。

（2）基于核心期刊学科交叉情况

Web of Science 的 Journal Citation Reports 划分的 234 类学科，共计收录了 11 398 本期刊，其中 234 类学科之间存在大量交叉期刊的情况，具体如图 8-3 所示。

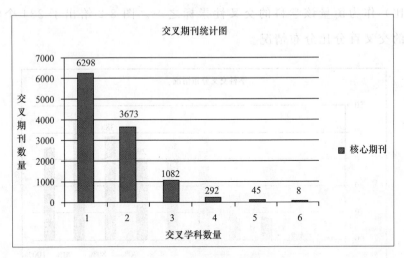

图 8-3　交叉期刊统计图

图 8-3 中，交叉学科数量为 1 的期刊数有 6 298 本，即 Web of Science 的 Journal Citation Reports 收录的期刊中有 6 298 本期刊只被本学科收录，另外存在 5 100 本期刊属于交叉期刊，交叉学科数量为 2 次以上，Web of Science 的 Journal Citation Reports 收录的期刊共计有 44.74% 被多个学科收录，交叉期刊数量之多，表明学科之间已经存在很大程度的交叉。特别地，有 8 本期刊同时被 6 类学科收录，这 8 本期刊分别是 1. Journal of Chemometrics 2. Advanced Materials 3. European Journal of Cancer Care 4. Chemometrics and Intelligent Laboratory Systems 5. Disability and Health Journal 6. Nano Letters 7. Small 8. Advanced Functional Materials。按照中国科学院 SCI 期刊分区（2016 版本），这 8 类期刊中工程技术方向有 5 本，医学方向有 2 本，化学方向有 1 本，初步可见在工程技术领域，学科交叉的现象较为普遍，后文对工程学科进行单独分析也发现了这一现象。同时，交叉学科数量为 1 的 6 298 本核心期刊不属于交叉期刊，只被单独学科收录，表明这些期刊更具有针对性，对于研究

特定领域的科研问题，查询这些期刊所收录的文献更便于科研人员获取相关知识。

（3）学科之间的交叉程度分析

为进一步研究学科交叉程度，通过统计每个学科交叉的学科数量，得到学科交叉情况统计结果如图 8-4 所示。

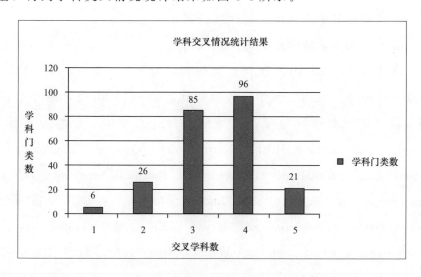

图 8-4 学科交叉情况统计结果

图 8-4 中可以看出，Web of Science 划分的 234 类学科中，学科不与其他学科交叉的学科数量为 0 个，即不存在某一学科收录的所有期刊只属于自身学科。从统计图的分布可见，与 4 个学科交叉的学科最多，共计有 96 个，至少与 3 个学科存在交叉的学科共计有 202 个，占所有学科总数的 86.3％。由此可见，如今学科已不仅仅是与 1 至 2 个学科存在交叉，而大多是与 3 个以上的学科存在交叉，这种多学科相互交叉的现象表明，学科之间存在紧密的联系。图中显示交叉学科数量为 3 个以下的学科仅有 32 个，并且无交叉的学科为 0 个，从整体上看，学科发展似乎已经打破独立发展的学科壁垒，探寻出学科间的相互依赖将会是推进未来学科融合大趋势的捷径。

3 工程学科交叉性分析

工程学科作为科学发展的奠基石，对国家和社会都有着不可磨灭的影响力。本研究中将18个工程学子学科合并在一起，构成总工程学科，分别对构成总工程学科的18个子学科间的交叉性以及总工程学科与其他学科的交叉性进行研究。

（1）总工程学科内部交叉性分析

统计总工程学科内部期刊交叉期刊，如图8-5所示，交叉期刊数仅有126本，仅占工程学科收录期刊总数的11.06%，同时期刊最多同时被三种学科收录，该类期刊共计有9本，分别为China Ocean Engineering、IEEE Journal of Oceanic Engineering、International Journal of Offshore and Polar Engineering、Ocean Engineering、Combustion and Flame、Soldering & Surface Mount Technology、Atomization and Sprays、IEEE-ASME Transactions on Mechatronics、Research in Engineering Design。同时，18个工程学科中收录期刊最多的学科为电信电子工程，共计收录257本期刊，收录期刊最少的为海洋工程、船舶工程和农业工程三个学科，均只收录了14本期刊，18个学科每个学科平均收录63.28本期刊。从以上统计结果可以初步得出，工程学科内部交叉现象并不明显，不同工程学科之间的学科壁垒仍然严峻，学科之间的交流与合作程度较低。

对18个工程学科收录的期刊进行统计分析，发现工程学科共计收录1139本期刊，其中有351本期刊仅被工程学科收录，这351本期刊对于工程学科领域而言属于专属期刊，本文称这351本期刊为工程学科专属集期刊。工程学科专属集期刊是针对性极强的专业领域期刊，因此本文对这351本期刊进行进一步的统计分析，得到工程学科专属集期刊统计图，如图8-6所示。

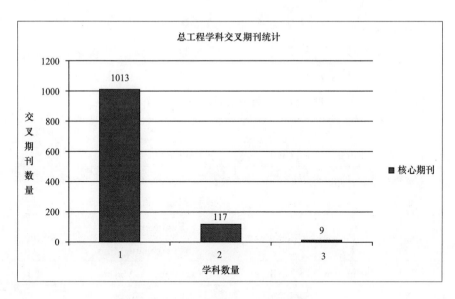

图 8-5 总工程学科交叉期刊统计

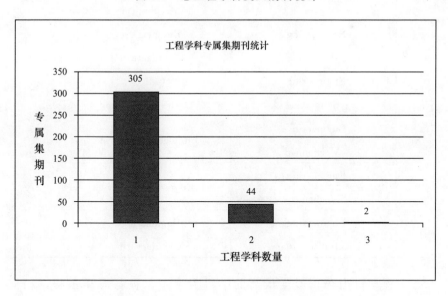

图 8-6 工程学科专属集期刊统计

351 本专属集期刊中，有 305 本期刊仅被单一工程学科收录，44 本期刊被两个工程学科收录，2 本期刊被 3 个工程学科收录。工程学科专属集期刊已经是针对性极强的专业领域期刊，但其内部仍然存在着交叉，工程学科的学科交叉不容小觑。

根据总工程学科内部交叉性分析模型，计算总工程学科内部交叉性，结果见表 8-7。

表 8-7　　　　工程学科内部相似度排名前 10 的学科对

序号	学科 A	学科 B	相似度
1	Engineering；Civil	Engineering；Ocean	0.53
2	Engineering；Industrial	Engineering；Manufacturing	0.40
3	Engineering；Chemical	Engineering；Petroleum	0.38
4	Engineering；Civil	Engineering；Marine	0.35
5	Engineering；Civil	Engineering；Geological	0.27
6	Engineering；Mechanical	Engineering；Manufacturing	0.24
7	Engineering；Biomedical	Cell & Tissue Engineering	0.24
8	Engineering；Mechanical	Engineering；Ocean	0.23
9	Engineering；Mechanical	Engineering；Civil	0.22
10	Engineering；Multidisciplinary	Engineering；Manufacturing	0.19

工程学科内部相似度最高的学科为土木工程与海洋工程，相似度为 0.53。Web of Science 的 Journal Citation Reports 学科分类中，海洋工程仅收录了 14 本期刊，其中 8 本期刊与土木工程交叉，交叉期刊占海洋工程期刊总数的 57%，对于海洋工程来说，土木工程是其不可缺失的合作对象。为准确捕获工程学科内部交叉情况，本文

使用Gephi可视化软件对工程学科交叉进行透视，以18个工程学科及总工程学科为结点，以学科间的相似度作为连线的权重，设定相似度阈值为0.10，得到工程学科内部关系如图8-7所示。

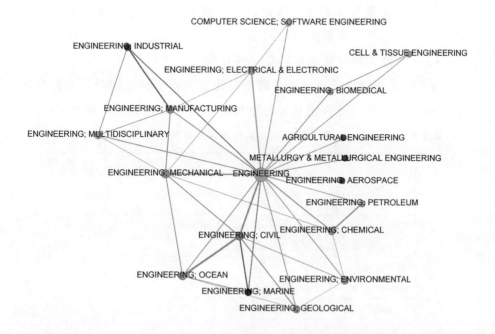

图 8-7　工程学科内部关系

图8-7中，结点的大小表示结点度的大小，结点越大则度越大，结点间的连线粗细表示学科相似度的大小，相似度越大则连线越粗，结点的颜色相同则表示结点度也相同。本文发现存在三个工程学科仅与总工程学科存在联系，而不与任何工程学科存在联系，这三个学科分别是农业工程、冶金工程和航空工程（蓝色结点），可见这三个学科的发展与其他学科联系并非十分紧密。本文发现除总工程学科外，仅机械工程学科的度达到7，即工程学科与6个其他工程学科存在联系，其余学科的关联度均不足7，可见工程学科内部，学科的交叉现象并非十分普遍，虽然学科均称之为工程学科，但是学科间并非均存在紧密联系，工程学科内部的学科壁垒现象依

旧明显。

这启示我们即使学科发展至今，学科不断融合，但针对工程学科内部而言，学科壁垒仍然是无法逾越的鸿沟，这阻碍了工程学科的进步，对促进工程学科发展而言，打破工程学科内部学科间的壁垒是加快工程学科发展的有力武器。

（2）工程学科与其他学科交叉性分析

采用18个学科所组成总工程学科构造工程学科总向量，并进行学科相似性计算，计算出总工程学科与其他学科相似度，见表8-8。

表8-8　　　　　　　　　　总工程学科与其他学科相似度

序号	学科	相似度
1	Energy & Fuels	0.32
2	Materials Science；Multidisciplinary	0.31
3	Computer Science；Interdisciplinary Applications	0.25
4	Operations Research & Management Science	0.24
5	Mechanics	0.24
6	Construction & Building Technology	0.24
7	Computer Science；Information Systems	0.23
8	Thermodynamics	0.22
9	Computer Science；Hardware & Architecture	0.22
10	Telecommunications	0.22
11	Water Resources	0.21
12	Environmental ScienceS	0.19
13	GeoscienceS；Multidisciplinary	0.19
14	Materials Science；Biomaterials	0.17
15	Physics；Applied	0.17
16	Computer Science；Artificial Intelligence	0.17
17	Transportation Science & Technology	0.16
18	Computer Science；Theory & Methods	0.15
19	Oceanography	0.15
20	Automation & Control Systems	0.14

表 8-8 列出了与总工程学科相似度值最高的前 20 个学科，如表中所示，建筑与建筑技术、交通科学技术这两个学科排名分别位列第 6 位与第 17 位，与工程学科存在较大的相关性，而在本文的工程学科 18 个子学科中并不包含这两个学科，可见本文采用的学科相似度判定方法具有较强的科学性。除此之外，通过工程学总向量挖掘出的余下 18 个学科对于工程学科交叉领域的研究也具有相当重要的意义。本文发现，能源燃料学科与总工程学科相似度最大，相似度值为 0.32，并且其余 17 个学科与工程学科也存在很强的相关性，可以认定这些学科作为工程学科进行管理，将更加有利于促进这些学科以及工程学科的发展。工程科学与基础科学、技术科学之间存在着密切的联系，在推动科学事业进步中奠定着坚实的基础。而与工程学科相似度最高的这前 20 个学科，除了工程学科自身学科外，电信、材料科学跨学科应用、热力学等学科对于工程学科的发展也提供了巨大的帮助，若要提高工程学科的发展水平，加强工程学科内部建设的同时，注重电信、物理应用、热力学、建筑与建筑技术、计算机科学跨学科应用等相关学科的协调发展，将更利于学科发展。

4 工程学科群分析

根据学科间的相似性，可以将 234 个学科划分成多个学科群，学科群内部的学科间具有较高相似性，与其他学科相似性较小。为更好地识别出工程学科与其他学科潜在的规律，本文采用 Gephi 可视化软件对所有学科相似度进行数据透视。将 Web of Science 的 JCR 分类中所有 234 个学科以及总工程学科作为结点，计算所有学科间的相似度，作为学科间的连线权重，绘制出 235 个学科（包含融合后的工程学科）相互间的关系图谱，以向量空间模型计算出的相似度作为学科结点连线的权重，设定相似度阈值为 0.2，采用复杂网

133

络社区探测算法对学科群进行识别，共计识别出 47 个社区，以工程学科群为核心社区，过滤掉不相关社区后得到与工程学科群相关社区，网络图谱如图 8-8 所示。

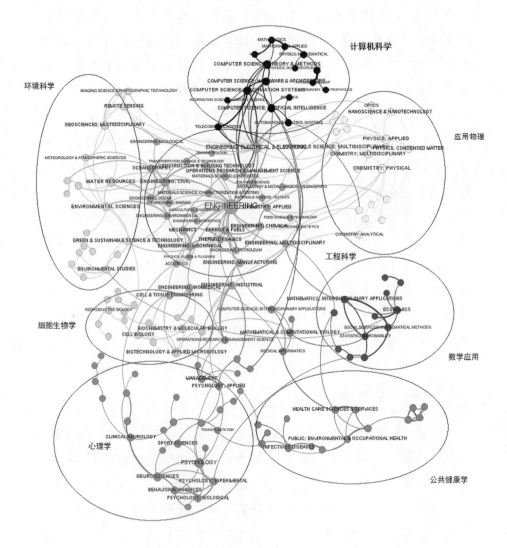

图 8-8　工程学科群网络图谱

图 8-8 中不同颜色代表不同的学科群，不同结点代表不同学科，结点间连线的粗细表示联系的紧密程度，结点大小则表示结点重要

程度。本文发现与工程学科群存在紧密联系的学科为环境科学、细胞生物学、心理学、计算机科学、应用物理、数学应用和公众健康学 7 个学科群。学科群相互通过一个或多个结点产生联系，我们称连接两个学科群的结点为桥梁结点，如工程科学学科群与计算机科学学科群以电气电子工程、电信等学科作为桥梁结点形成紧密联系；工程科学学科群与数学应用学科群间则以工程科学多学科这一学科门类作为桥梁结点形成紧密联系。学科群间产生联系的形式分为三类：单结点联系、多结点联系、双类型结点联系。

单结点联系指学科群间主要通过某单一结点产生联系，如图 8-8 中的工程科学与细胞生物学主要通过细胞工程这一结点产生联系；工程科学与公众健康学主要以计算机科学跨学科应用这一结点产生联系；工程科学与数学应用主要以工程科学多学科这一结点产生联系；工程科学与心理学主要以运筹管理学这一结点产生联系。

多结点联系指学科群间通过多个桥梁结点产生联系，如图 8-8 中的工程学科与环境科学通过土木工程、海洋学、地质工程等多个学科作为桥梁结点产生联系；工程学科与应用物理通过工程科学、化学应用、电气电子工程等多个学科作为桥梁结点产生联系。

双类型结点联系指学科群间主要通过某一中心结点产生联系，同时也通过多个次级结点产生联系。如图 8-8 中的工程学科与计算机科学，在通过电气电子工程这一中心结点产生联系的同时，也通过计算机科学硬件体系结构、电信学、计算机科学信息系统等次级结点产生直接联系。

以上三种联系方式构成工程学科群与其关联学科群间的紧密联系，形成了学科群间的交互融合。

针对以往对工程学科的理科性质的认识，大多学者认为工程学科的发展仅仅会与一般的理工类学科产生联系，但本文发现工程学科的发展与人文社科学科有着不可忽略的联系。本文研究发现，工程学科群与心理学学科群之间通过声学学科、运筹管理学学科桥梁结点形成关联，这一新发现表明，学科交叉已经突破传统对理工科的认知，人文社科与理工类学科已经打破以往的学科壁垒，学科融合正在悄然进行。通过追踪网络路径，可以准确地捕获学科间产生联系的桥梁结点，这对于识别学科交叉的规律具有一定借鉴意义。为更准确地识别出工程学科群大类中错综复杂的联系，本文对工程学科群大类进行单独提取，以清晰地识别出工程学科群内部的发展情况。

对工程学科群内部学科进行透视，发现除本文最初挑选的 18 个工程学科外，仍有 20 个学科被识别为工程学科，占工程学科群学科总数的 52.63%，表明工程学科是一个十分庞大的学科集合，若要加强工程学科的发展，提升工程国家工程实力，除注重 18 个工程学科的发展外，工程学科群中另外 20 个学科也是关系着学科整体推进的中坚力量。

同时我们寻找出 3 个与工程学科无任何交叉现象存在的学科，分别为 Allergy（过敏性反应）、Ornithology（鸟类学）、Andrology（男科学）。

5 结论和启示

随着科学的迅猛发展，学科之间相互封闭，独立进行科研的现象已逐渐弱化，越来越多的学科开始走向融合，不同领域的学科通过与其他学科进行交叉借鉴，不仅仅促进了学科自身的发展，更在一定程度上推动了其他学科的进步。在新时代的背景下，学科趋向大融合，学科走向合并化是大势所趋，而学科的交叉又往往促使新的科研成果的诞生，进而再加快学科发展，促进高校水平的提升。

本文通过对 Web of Science 的 Journal Citation Reports 234 个学科的研究，不仅发现单独学科间存在很大程度的交叉性，以不同学科群为整体的总学科间也已经达到了很高的交叉程度。通过对学科与学科之间、工程学科与学科之间进行的交叉性分析和联系透视，识别出学科发展至今已形成的紧密网络路径。

本文使用向量空间模型，定量地计算出学科间交叉程度的数值，依据学科间交叉程度数值的大小，来判断学科与学科的联系紧密程度，数值大的则说明联系程度紧密，数值小则说明联系程度疏远。通过定量的评价方法可以更加科学地判断出学科间交叉融合的发展现状，为判断学科的未来发展趋势以及促进国家工程学科的发展进步提供了科学性建议。

采用向量空间模型度量工程学科内在交叉程度后，发现工程学科内部的交叉现象并不明显，工程学科内部的壁垒现象对于探究工程学科发展的障碍具有一定的启示作用，同时农业工程、冶金工程和航天航空工程这三个学科处于相对独立的领域，不与任何工程学科存在联系。这种学科孤立的现象往往会造成学科的发展缓慢，启示我们加强这些孤立学科的融合，对于未来学科的拓展以及整体学科水平的进步都具有促进作用。

学科壁垒是阻碍学科融合发展的主要成因，而高校在培养综合性人才时，就必须打破学科壁垒，突破现有的人才培养模式，从而完善培养方案。交叉的学科涉及多个领域，按照中科院学科划分规则，本文发现交叉学科涉及多个学科，包括医学、工程技术、环境科学与生态学、生物等领域，这些学科的融合，对我国促进科研水平的提升和步入科技领跑集团队列具有一定借鉴意义。

此外，学科交叉的趋势一直处于不断发展的阶段，不同领域、不同学科时时刻刻在进行信息的交互与融合，通过对顶级期刊内存在的交叉现象的度量，一定程度上可以尝试寻找出科学界的整体推进方向，从而预测出未来研究发展动向和机会。对于科研人员来说，如何敏锐地抓住科学的发展动向，洞察科研热点至关重要。提高定量地度量出学科交叉的程度，有助于更加科学地挖掘出学科发展内在的重要联系。可将这种内在联系转化成信息，呈现出科学发展水平的现状，反馈给科研人员，从而为科研活动带来更多价值。

第 3 节 / 表示学习模型应用实例

——基于表示学习的学者间潜在合作机会挖掘

在大数据时代，科学研究的合作化趋势日益显著，竞争与合作相辅相成。合作在提升科研效率、促进科研产出时发挥着极其重要的作用。具有相同研究领域、相似研究方向的学者更易于在未来形成合作，然而由于时间、空间位置隔阂，难以在浩如烟海的科学家群体里准确找到与自身研究方向相近的学者，因此挖掘出潜在合作学者成为近年来学者关注的焦点，科技文献作为科研学者的主要成果，自然而然成为潜在合作挖掘的媒介。

科学文献是承载着科学成果的重要载体之一，包含科研工作者研究成果，同时文献记录数据也包含学者的相关信息，利用科技文献的记录数据来挖掘潜在合作对象是图书情报领域主流方法。目前研究主要分为两类方法：一种是基于使用关键词相似的学者，其研究方向也相似的假设，利用文献关键词共现挖掘潜在合作对象。另外一种是基于相似学者引用的参考文献也相似的假设，利用文献引用关系构建引文网络，挖掘潜在合作学者。然而关键词共现仅利用文献关键词单一信息，无法全面覆盖到所有共现信息，且关键词共现注重词语间的共现，未能将学者与关键词这类异质信息构建联系；引文网络的方法则忽略了作者机构共现、作者国籍共现等信息，基于此类方法分析会造成信息丢失。

随着信息技术的发展，计算机分析数据、挖掘信息成为可能。利用表示学习（Representation Learning）方法将多种信息实体融合表示，进而挖掘潜在信息。表示学习是指通过对符号化的数据进行学习，并映射到低维空间中的方法，其中知识表示学习通过对文本的共现情景进行学习，得到在低维空间上的向量表示，这种低维表示向量可以有效捕获语义上的关系。知识表示学习是面向知识库中实体和关系的表示学习方法，通过将实体与关系映射到相同维度的低维稠密向量空间中，借助空间距离计算出实体与关系间复杂语义关联。经典的方法有 Mikolov 提出的 Word2Vec（w2c），使用低维向量来学习并表示语义信息，该方法被广泛应用于文本语义信息的挖掘中，能有效学习文本信息间的关联信息。伴随着深度学习技术的诞生，网络表示学习也被应用到科研合作的预测中。隐藏在真实关系背后、依靠标引相同关键词而形成的合作关系称为隐性合作。分析作者的合作关系，根据研究主题进行作者聚类，可以挖掘作者相同的研究主题，揭示研究热点，有助于深度挖掘可能的科研合作。

上述方法存在一定不足，如未能综合考虑到学术文献信息中的学者、关键词、机构、国籍等多种异质信息实体共现的情况，造成数据分析的不完整，而学者与机构共现、学者与关键词共现的信息对挖掘学者潜在合作的产生原因极为重要；传统基于关键词共现的方法挖掘出的潜在合作强度最高的学者多为高产学者，其发表文献数量较多，具有的关键词数量更为丰富，相对于发文量较少的学者而言，包含更丰富的作者-关键词共现信息，传统计量学的共现方法更偏向于识别出高产学者的潜在合作对象。对于科研学者而言，发表文献较少的学者相较于高产学者，更加渴求寻找到潜在合作对象，帮助自身促进科学研究的推进，因此挖掘潜在合作对象应更加倾向于发文量较少，学术领域信息较稀疏的学者。

为有效利用文献记录数据信息，充分考虑文献中的多种共现信息，挖掘出潜在合作诞生的缘由并推荐促进潜在合作的方式，消除潜在合作挖掘偏向高产学者的现象，提高潜在合作挖掘的准确性与全面性，本文提出基于表示学习的潜在合作机会挖掘方法，利用表示向量来融合作者共现、关键词共现、机构共现等多种共现信息，并以新能源汽车领域为实证，挖掘领域潜在合作机会。

① 科研合作表示学习分析法

本文借鉴表示学习的研究方法，抽取出领域核心信息并构造领域专属数据集，利用深度学习的词向量语言模型，将领域内多种核心信息表示成特定维度的低维稠密语义向量，来表示信息对象在领域内的上下文语义信息，进而将潜在合作挖掘问题转换成学者向量的空间距离计算问题，若尚未产生合作的学者具有较近空间距离，则学者未来更易产生合作关系，同时空间距离较近的关键词为潜在合作的原因。

文献记录数据中包含丰富的共现信息，利用自编程序抽取出文献数据中的多种信息实体，信息实体包括学者简称（AU）、学者全称（AF）、文献关键词（DE）、学者地址（C1）等。对于同一篇文献中的学者信息和多个关键词信息，在所属同一文献下，按照关键词进行拆分组合，每一篇文献按照图 8-9 所示方式进行拆分重构，每篇文献按照相同作者、不同关键词进行多次组合表示，拓展重构数据集。使用该数据重构方式能扩展文献数据，并放大作者、关键词等共现关系，在随后的表示学习中能够更好地捕获潜在合作关系信息。

将构建的表示数据利用 Python 编程语言中 Gensim 库的 Word2Vec 表示学习模型进行学习，该表示学习模型最初由 Mikolov 提出，并且加以改进，被广泛运用在自然语言处理当中。该方法可以对给定的文本语料进行特定编码并训练，最终用定量化的低维稠密向量来表示包含潜在语义信息的文本对象，表示向量由指定维度的数字表示，语义相似的词会在低维空间中具有更高的相似度。这种语义信息在空间上邻近的特征，能够度量出信息对象的紧密关系，实现新能源汽车潜在合作挖掘的目的。表示向量学习部分，按照图 8-10 所示过程进行信息表示向量的学习。

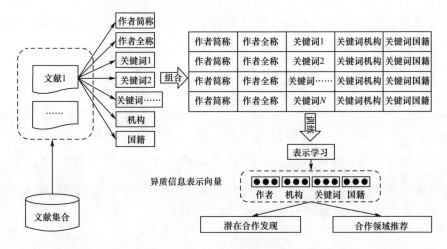

图 8-9 潜在合作挖掘流程

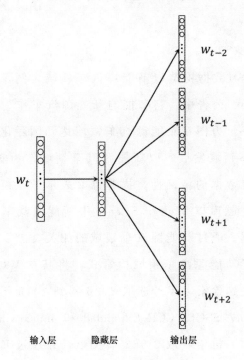

图 8-10 表示学习过程

词 w_t 作为需要查询的原始信息词的向量表示，经过隐藏层 Hidden layer 按照条件概率公式 $P\left(w_{\text{others}} \mid w_t\right)$，以当前信息词来分别预测周围词 w_{t+1}、w_{t+2}、w_{t-1}、w_{t-2} 的概率，其中模型优化的最大化的目标函数如公式（12）所示，即

$$F = \frac{1}{T} \sum_{t=1}^{T} \sum_{-b \leqslant i \leqslant b,\ i \neq 0} \log_2 p\left(w_{t+i} \mid w_t\right) \qquad (12)$$

式中，b 为决定上下文窗口大小的常数，最终在迭代优化的过程中获得每个词 w_t 的表示向量。即获得最终每个异质信息对象的表示向量，简称词向量。为保留异质数据集中所有的关键信息，Word2Vec 训练模型参数设定为：最小词频为 1。

② 实证分析

（1）数据来源

本文表示学习数据构造以新能源汽车领域为例，国务院发布的《中国制造 2025》公告中，将节能与新能源汽车作为大力推动发展的重点领域之一，力图在新能源汽车领域达到国际化先进水平，为助力新能源汽车领域发展，以新能源汽车领域作为实证分析对象。为保证领域研究数据的精确性，提升语义表示学习模型的精度，新能源汽车科技文献库以 Web of Science 中新能源汽车领域的相关文献作为样本数据。通过新能源汽车领域的相关文献、技术报告和战略规划，构建了新能源汽车领域检索式，将其在 WOS 数据库中的核心合集进行主题检索，年份选取 2006 年到 2015 年，设定数据库为 SCI-Expanded、SSCI、CCR-Expanded 和 Index Chemicus，精选 Article 类型数据，检索获取 3 963 篇文献，并通过 ESI 工程科学和材料科学的 1 305 篇期刊列表过滤，筛选出 1980 条数据，作为本研

究最终确定的新能源汽车科技文献库。基于采集的 1980 篇新能源汽车文献数据集，经统计共计涉及 6 490 个关键词，64 个国家，5 650 位学者，1 424 所机构。采用提出的科研合作表示学习分析法，训练得到新能源汽车异质数据库中所有信息实体的向量表示，见表 8-9。

表 8-9　　　　　　　　　　异质信息对象表示向量

异质信息 对象	维度 1	维度 2	维度 3	……	维度 100
China（国籍）	−0.486 4	−0.458 7	−0.617 0	……	−0.040 1
Tsinghua Univ （机构）	0.001 2	−0.137 6	−0.679 6	……	−0.052 4
Ouyang，Minggao （学者）	−0.064 6	−0.156 3	−0.319 0	……	0.056 6
Electric Vehicle （关键词）	−0.370 1	−0.364 3	−0.067 2	……	0.094 8

表示向量长度共计有 100 维，通过表示学习，用 100 个 −1～1 的实数来表示异质信息对象在数据中与其他词语包含的关联信息，最后对于不同对象的表示向量采用欧几里得距离进行计算，欧几里得距离计算公式为

$$d(x,y) = \sqrt{(x_1 - y_1)^2 + (x_2 - y_2) + \cdots\cdots + (x_n - y_n)^2} = \sqrt{\sum_{i-1}^{n}(x_i - y_i)^2}$$

(13)

式中，x，y 为任意两个异质信息对象的表示向量，即 x，y 可以是学者、关键词，亦可为机构、国籍。x_i，y_i 为对象 x 与对象 y 对应维度的表示向量值，n 为向量长度，模型采用 100 维。

通过表示学习，文献中的学者、机构等隐式共现关系信息均被综合考虑并融入向量，同时采用的关键词拆分重构法构造表示数

据，放大潜在合作关系。将每个信息表示实体映射到相同维度的空间中，利用欧几里得空间距离计算得到所有信息表示对象间的距离，距离越近则信息表示对象具有越高的相似性。学者研究方向越近，则相似度越大，反之亦然。

（2）新能源汽车核心学者识别

普赖斯定律指出，将科学家总人数开平方，所得到的人数撰写了全部科学论文的50%。同时，核心科学家所发表的论文中最低产的那位科学家所发表的论文数，等于最高产科学家发表论文数的平方根的0.749倍。由于发表论文数最多的作者发表论文30篇，所以最低产的那位科学家应发文4到5篇。故选取发文量在4篇以上的核心学者作为研究对象，共155位，见表8-10。

表8-10　发文量在4篇以上的核心学者群（发文量前20位）

学者	发文量	学者	发文量
Ouyang，Minggao	30	Mi，Chunting Chris	9
Li，Jianqiu	25	Wang，Rongrong	9
Lu，Languang	17	Xu，Liangfei	9
Wang，Junmin	17	Kelly，Nelson A.	9
Xiong，Rui	15	Zheng，Yuejiu	8
He，Hongwen	13	Zhang，Hui	8
Sun，Fengchun	12	Thounthong，Phatiphat	8
Hori，Yoichi	12	Fujimoto，Hiroshi	8
Han，Xuebing	11	Rim，Chun T.	8
Van Mierlo，Joeri	9	Kim，Jonghoon	8

如图8-11所示为新能源汽车核心学者群的合作网络。观察图8-

11 可知，新能源汽车核心学者间存在着紧密的联系，高产作者间则更易产生较强合作关系，相对发文量较低的学者间难以自然产生合作，帮助发文量相对较低的学者寻找其潜在合作学者，能助力科学合作网络发展壮大。本文对 155 位核心学者进行潜在合作挖掘，寻找出核心学者群的潜在合作学者。

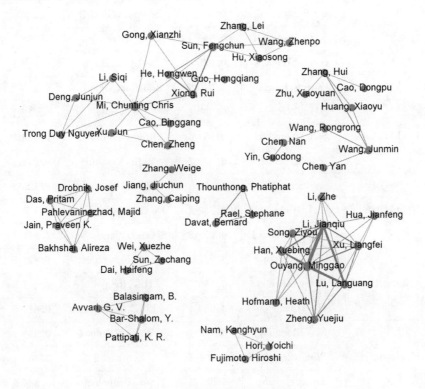

图 8-11　核心学者群合作网络

（3）新能源汽车领域潜在合作机会分析

通过潜在合作挖掘，计算出与学者具有较高关联但尚未产生合作的学者，作为潜在合作对象。为对比基于共现方法与表示学习方法的潜在合作挖掘效果，本文对新能源汽车领域分别提出的表示学习方法和共现方法进行潜在合作挖掘，潜在合作挖掘对照见表 8-11。

表 8-11 潜在合作挖掘对照表

核心学者	潜在学者（w2c)	潜在合作强度（w2c)	潜在学者（共现）	潜在合作强度（共现）
Ouyang,Minggao	Hu,Zechun	0.985 4	Yufit,Vladimir	0.200 4
	Song,Yonghua	0.981 3	Wu,Billy	0.200 4
	Zhang,Junzhi	0.973 5	Brandon,Nigel P.	0.200 4
Li,Jianqiu	Hu,Zechun	0.980 3	Offer,Gregory J.	0.204 1
	Song,Yonghua	0.978 6	Yufit,Vladimir	0.204 1
	Zhang,Junzhi	0.970 9	Brandon,Nigel P.	0.204 1
Lu,Languang	Hu,Zechun	0.988 2	Wu,Billy	0.232 1
	Song,Yonghua	0.987 4	Offer,Gregory J.	0.232 1
	Zhang,Junzhi	0.982 7	Yufit,Vladimir	0.232 1
Wang,Junmin	Guezennec,Yann	0.970 3	Tanelli,Mara	0.128 8
	Li,Cong	0.962 8	De Castro,Ricardo	0.127 2
	Conejo,Antonio J.	0.958 5	Savaresi,Sergio M.	0.117 1
Xiong,Rui	Liu,Xiangdong	0.977 2	Sun,Fengchun	0.411 5
	Wang,Zhenpo	0.969 9	He,Hongwen	0.411 5
	He,HongWen	0.959 4	Liu,Xiangdong	0.411 5
He,Hongwen	Ma,Zhongjing	0.992 0	Wang,Zhenpo	0.384 3
	Wang,Zhenpo	0.991 2	Xiong,Rui	0.384 3
	Zhang,Junzhi	0.987 9	Sun,Fengchun	0.384 3
Sun,Fengchun	Ma,Zhongjing	0.989 5	Guo,Hongqiang	0.355 0
	Liu,Xiangdong	0.985 5	He,Hongwen	0.345 7
	He,HongWen	0.984 6	Xiong,Rui	0.345 7
Hori,Yoichi	Magallan,Guillermo A.	0.991 5	Pennycott,Andrew	0.141 7
	Mutoh,Nobuyoshi	0.991 0	Magallan,Guillermo A.	0.132 9
	Ishihara,Keiichi N.	0.987 1	De Angelo,Cristian H.	0.132 9

（续表）

核心学者	潜在学者 （w2c）	潜在合作 强度（w2c）	潜在学者 （共现）	潜在合作 强度（共现）
Han,Xuebing	Song,Yonghua	0.994 5	Aki,Hirohisa	0.191 7
	Hua,Jianfeng	0.993 8	Han,Soohee	0.191 7
	Hu,Zechun	0.992 6	Han,Sekyung	0.191 7
Van Mierlo,Joeri	Sergeant,Peter	0.980 4	Cellura,Maurizio	0.216 3
	Dupont,B.	0.976 3	Longo,Sonia	0.216 3
	Belmans,R.	0.975 3	Zubelzu,Sergio	0.207 0

观察表 8-11 可知，采用的表示学习方法与基于共现挖掘的潜在合作学者间存在一定的相似性。如核心学者之一的（Xiong，Rui），其共现方法的潜在合作强度与表示学习方法的潜在合作强度最高的三位学者里，均包含学者（Liu，Xiangdong）、（He，Hongwen），唯一不同的是共现方法挖掘出的潜在合作学者（Sun，Fengchun）因其发文量较多，故易于与（Xiong，Rui）产生合作关系，而表示学习方法挖掘出的学者（Wang，Zhenpo）因其研究方向与（Xiong，Rui）更加相似，故更易于产生合作关系。通过对比本文提出的表示学习方法与传统基于共现方法挖掘的潜在合作对象，可以认定本文采用的方法更加倾向于为研究方向相似但发文量相对较少的学者寻找其潜在合作对象。

采用表示学习方法，表 8-11 中潜在合作强度为学者间的欧几里得距离，距离越近则潜在合作强度值越大，学者的研究方向越相似，未来越有合作可能。表 8-12 中挖掘出的潜在合作学者均属于普赖斯指数识别的新能源汽车核心学者，但发文量相对于高产学者而言较低。相对于仅注重高产学者的传统计量学共现方法而已，表示学习挖掘出的潜在合作对象更注重发表文献相对较少的核心学者，为其提供潜在合作对象，促进科研合作。

以潜在合作强度最大的学者（Bakhshai，Alireza）、（Das，Pritam）、（Thrimawithana，Duleepa J.）、（Covic，Grant A.）作为实证对象，探究这四位核心学者与潜在合作对象的合作领域。

表 8-12　　　　　　　　　　潜在合作领域表（部分）

潜在合作作者		潜在合作领域	学者领域关联强度
学者 A	学者 B		
Bakhshai，Alireza	Hamza，Djilali	ac/dc converter	0.998 7
		y-capacitor	0.997 7
		snubber capacitor	0.997 5
		emi filter	0.997 2
Das，Pritam	Hamza，Djilali	ac/dc converter	0.998 6
		emi filter	0.997 2
		y-capacitor	0.996 9
		snubber capacitor	0.996 8
Thrimawithana，Duleepa J.	Boys，John T.	inductive power	0.998 2
		contactless power transfer	0.995 6
		coupling	0.990 8
		power transfer(ipt)	0.990 3
Covic，Grant A.	Thrimawithana，Duleepa J.	inductive power	0.997 3
		contactless power transfer	0.994 5
		coupling	0.988 7
		power transfer(ipt)	0.988 4

表 8-12 中列举出部分存在潜在合作关系的学者以及产生潜在合作的领域。潜在合作学者研究领域具有较大的相关性，对于不同学者，其潜在合作对象的合作强度不尽相同，但交叉的潜在合作学者间具有紧密的关联性。如（Thrimawithana，Duleepa J.）学者，其潜在合作强度最大的学者为（Boys，John T.），同时自身也是

（Covic，Grant A.）潜在合作强度最大的学者，观察其潜在合作领域发现，产生合作的领域也极为相似，均为新能源汽车热点研究问题。对于相同研究领域而言，挖掘出的潜在合作学者在该领域往往能够产生交叉合作，关联强度的大小则可以帮助学者挖掘出最易产生合作的学者。

3　结论

随着学术活动的普及，科研合作越为重要。本文将深度学习技术运用到学者潜在合作机会挖掘中，数据重构法融合多种信息实体关系，采用深度学习中的表示学习方法学习并表示文献数据中的多种共现信息，识别出领域核心研究学者，挖掘潜在合作对象及其合作领域。

经过实证研究，与传统的共现分析方法相对比，证明表示学习法更能全面的融合各类信息，实现潜在合作挖掘的目的。

本文主要贡献有如下三点：

（1）基于 Web of Science 数据库，构造了适用于深度学习模型进行学习的数据结构，提升学者间潜在合作机会挖掘的可靠性。

（2）提出基于深度学习的潜在合作机会挖掘模型，并运用潜在合作挖掘模型在新能源汽车领域进行学者间潜在合作机会挖掘。该方法弥补传统共现分析法偏向高产作者的不足，面向文献发表数较低的学者推荐潜在合作对象更具有普适性。

（3）在新能源汽车领域帮助弱关联的学者挖掘潜在合作，采用的表示学习方法弥补了传统潜在合作无法准确挖掘出合作因素的弊端，如难以识别出潜在合作学者产生合作的具体领域及潜在合作强度；打破数据属性的限制，如仅依赖学者合作网络、共词网络等同质网络造成的信息丢失问题，为低产学者寻求潜在合作学者及发现潜在合作机会提供帮助。

　　本文的不足之处在于因领域研究的限制，采集的新能源汽车领域数据集较为稀少，若丰富表示学习的数据集，则能获得更好的效果。未来将尝试丰富领域数据集，做进一步研究。